促进东北振兴的基本公共服务清单制度研究（项目号：17BZZ052）

生态治理政策工具研究

Research on Policy Tools of
ECOLOGICAL
GOVERNANCE

李红星　顾福珍　◎著

中国财经出版传媒集团

经济科学出版社
Economic Science Press

序言 ■■■

　　生态环境是人类赖以生存和发展的根基，尊重自然、顺应自然、保护自然是中华民族的优良传统。党的十九大以来，生态文明建设取得巨大进步，生态环境得到明显改善，老百姓对优质生态环境的获得感、幸福感不断提高。以习近平同志为核心的党中央，将生态文明建设和生态环境保护摆在治国理政的突出位置，各地区各部门深入贯彻习近平生态文明思想，推动污染防治攻坚战，取得重要进展，生态环境质量明显改善。但我国生态环境保护结构性、根源性、趋势性压力总体上尚未根本缓解，生态环境质量与人民群众期待还有不小差距。我国经历了四十多年的经济快速发展，取得令全世界瞩目的发展成果，但这种快速发展却造成了一定程度的生态环境破坏。生态环境遭到破坏不能在短期内修复，不仅仅在于历史上的过度采伐、无节制污染排放造成的生态破坏严重，也在于生态治理所需投资大、见效慢，更在于生态治理措施不利，生态治理政策实施效果欠佳，使生态治理在低速、低效的状态下运行。尽管国家开展大规模生态治理，例如实施林业六大重点工程、退耕还林、建立生态功能区、减排等措施进行雾霾治理和水资源治理等，但我国生态状况仍存在诸多问题。

　　党的十九届四中全会强调，要"坚持和完善生态文明制度体系，促进人与自然和谐共生"，坚持节约资源和保护环境的基本国策。美丽中国是社会主义现代化建设的重要目标，坚持以习近平生态文明思想为指导，坚持、巩固、完善、发展多年来尤其是党的十九大以来开展的一系列重大制度创新，发挥我国社会主义制度优势，是全面加强生态环境保护、提升生态文明水平的根本手段，也是建设美丽中国的根本保证。生态环境作为纯粹的公共物品，存在着非竞争性、非排他性等一系列的外部性特征。要解决环境的外部性问题，需要依靠政府的积极干预，出台相关的生态治理政策，政策工具的选择应用过程直接决定环境生态治理政策结果。目前，我国仍然存在生态治理政策工具选择主体单一，缺乏合理性、科学性、组合性等问题，没有顺应时代的潮流把握住机遇，依然依靠传统的经验决策进行生态治理政策工具的选择，没有追溯深层根源的影响因素有针对性地解决环境问题，由此导致了生态治理效率低下。特别是在交织、融合着经济发展、政治目标复杂的生态环境背景下，部分地区仍旧没有一套科学完善的环境政策工具选择方法。究其原因，是我国生态治理政策没有发挥应有的作用，是生态治理措施和手段选择存在问题，不注意研究和运用政策工具，缺乏与生态发展目标相匹配的政策工具系统，导致生态治理主体效率低下，多元社会主体缺乏参与生态治理的动力，无法发挥作用。这种情况下，研究生态治理政策及政策工具选择，提高生态治理效率，实属当务之急。

本书围绕我国生态治理领域及生态治理政策内容，在系统梳理相关政策的基础上，侧重对基于大数据的生态治理政策工具选择、生态功能区的财政政策工具、雾霾治理的政策工具、农村生态环境政府治理的路径等问题进行深入研究，具体内容包括以下四个方面。

第一，基于大数据的生态治理政策工具选择研究。伴随着信息时代的到来，中国社会已经进入飞速的互联网数据时代，"大数据"时代应运而生。这不仅加速了人们获取信息的速度，为人们的生活方式提供了便捷，同时也影响着国家治理的综合环境。互联网使国家的治理环境加倍复杂化，这大大冲击了中国原本较为单一的传统治理模式，包括生态环境治理模式。传统生态治理政策工具的选择方式和过程早已无法适于当前的政策环境，长此以往更会进一步加剧生态治理政策工具选择的低效性和不合理性，甚至导致生态环境进一步恶化，不利于美丽中国目标的实现。因此，环境政策工具的选择过程亟需一种新的突破和完善，亟需一种新的手段来打破现有的格局，大数据时代的来临为生态治理政策工具的选择带来了全新的机遇。本书研究通过大数据手段，对环境污染状况实时监控、预测，打破传统社会存在的信息壁垒，多渠道、广泛收集环境相关数据，分析影响环境恶化的多方因素，对环境污染成因追根溯源、细化分析，科学地选择合适的环境政策工具来遏制污染，从而减少环境污染的发生，提高生态环境治理的效率。

第二，生态功能区的财政政策工具研究。公共财政在生态功能区保护方面的作用无可替代，财政政策是发挥其重要作用的有效措施和工具，财政政策作用效果的高低直接影响生态功能区的各方面建设。探索财政政策工具理论模型设计，结合计量经济模型和宏观经济模型并不断扩展理论研究的广度，运用渐进宏观经济理论思想进行财政政策工具的设计，满足民众对税收和付费等工具的理性预期，最终形成完备的动态财政政策工具箱理论体系。本书以大小兴安岭生态功能区为例，通过财政资金投入的现状、结构、规模和效益的分析和评价，不仅进一步丰富和发展财政投资理论，而且也从财政政策使用政策工具的视角，探讨政策工具的有效性，为优化政策工具效率提供理论依据。

第三，雾霾治理的政策工具研究。雾霾问题的出现给人们的生活以及健康带来了极大的困扰和伤害。各级政府部门针对不同的雾霾污染源制定了一系列的政策措施，但是，雾霾问题并没有得到明显的改善，甚至在部分地区污染情况越来越严重。政策工具作为政策问题和政策目标之间的桥梁，直接影响着雾霾治理的成效。本书以黑龙江省为例，从政策工具的角度来研究黑龙江省雾霾治理政策的有效性以及雾霾治理政策工具的优化选择和组合，以期提高雾霾治理政策的有效性，更好地解决雾霾污染问题。

第四，农村生态环境政府治理工具研究。党的十九大作出了实施乡村振兴战略的重大决策部署，并将农村生态环境治理作为乡村振兴的重要抓手，要求树立和践行"绿水青山就是金山银山"的理念，以期通过对环境突出问题的综合治理，让农村成为安居乐业的美丽家园。本书从政府治理目标、政府治理内容、政府治理结构和政府治理工具四个维度构建分析框架。利用典型调查法、比较分析法、规范分析法等研究方法，以黑龙江省农村生态环境政府治理为例，发现其存在政府治理目标不明确、政府治理内容条块化、治理主体间关系失衡、治理工具结构不合理等问题。通过借鉴国内外农村生态环境政府治理相关经验，得到推动政府更好地履行主导责任、促进公众参与农村生态环境治理、综合协调运用政府治理工具的启示。从政府治理目标、政府治理内容、政府治理结构和政府治理工具四个维度探讨黑龙江省农村生态环境政府治理的有效路径，提出要准确定位政府治理目标，合理选择政府治理内容，优化政府治理结构，有效选择和运用政府治理工具。

生态环境保护仍然任重道远。良好生态本身蕴含着无穷的经济价值，正源源不断创造综合效益，实现经济社会可持续发展。为扭转生态环境恶化的趋势，实现人与自然的相互协调持续发展，党的十九大把"坚持人与自然和谐共生"作为新时代坚持和发展中国特色社会主义的基本方略，提出要加快生态文明体制改革，明确"绿水青山就是金山银山"。习近平总书记在全国生态环境保护大会上指出，必须加快建立健全以治理体系和治理能力现代化为保障的生态文明制度体系，建成美丽中国。

2020年政府工作报告提出，要进一步提高生态环境治理成效，突出依法、科学、精准治污，深化重点地区大气污染治理攻坚。这些目标的实现必须依靠选择适当的政策，其中，政策工具的有效性是政策措施发挥应有作用的重要前提。2020年是全面建成小康社会和"十三五"规划的收官之年，也是完成污染防治攻坚战阶段性目标任务的交账之年。要始终把打赢打好污染防治攻坚战作为心中的"国之大者"，保持方向不变、力度不减，坚持走绿色发展、高质量发展之路不动摇，坚持依法治理环境污染和保护生态环境不动摇，坚持守住生态环保底线不动摇，坚决打好蓝天、碧水、净土保卫战，实现污染防治攻坚战阶段性目标。践行生态文明，建设美丽中国，是实现中华民族伟大复兴中国梦的重要内容。我们要坚持人与自然和谐共生，高扬生态文明建设的旗帜，深化对人与自然生命共同体的规律性认识，维护生态系统平衡，增强全民生态环保意识，促进绿色生产和消费，在全社会形成健康文明的生产生活方式。坚持生态优先、绿色发展，驰而不息，久久为功，形成人与自然和谐发展的现代化新格局，天更蓝、山更绿、水更清必将不断展现在世人面前。

本书对生态治理政策工具的研究和探索还仅仅局限于政策工具选择的原则和方法，属于初步的"铺路筑基"，只能为学界同仁的深入研究起到"抛砖引玉"的作用。限于本人的学识、研究能力与水平，书中的缺点甚至错误在所难免，敬请学界同仁和读者批评指正。

目录
Contents

第一章　导论　　　　　　　　　　　　　　　　　　　　　　　1

第二章　生态治理与政策工具的理论基础　　　　　　　　　35

第三章　生态功能区的财政政策工具　　　　　　　　　　　57

　第一节　生态功能区财政政策工具运用状况　　　　　　　58

　第二节　财政政策工具运用存在的问题及成因分析　　　　66

　第三节　提升生态功能区财政政策工具实施效果的对策　　72

第四章　雾霾治理的政策工具研究　　　　　　　　　　　　79

　第一节　雾霾治理的政策工具研究概述　　　　　　　　　79

　第二节　雾霾治理政策工具使用的现状及问题分析　　　　86

　第三节　国内外雾霾治理政策工具使用的经验及启示　　　103

　第四节　黑龙江省雾霾治理政策工具的优化对策　　　　　110

第五章　基于大数据的生态治理政策工具选择　　　　　　119

　第一节　基于大数据的环境政策工具选择的理论基础　　　121

　第二节　河北省生态环境政策工具选择现状及问题分析　　126

　第三节　国内外运用大数据进行政策工具选择的经验与启示　143

　第四节　基于大数据的河北省环境政策工具选择路径　　　149

第六章　农村生态环境政府治理的工具选择　　　　　　　161

　第一节　农村生态环境政府治理的理论基础　　　　　　　162

第二节　黑龙江省农村生态环境政府治理的现状分析　　　167

第三节　国内外农村生态环境政府治理的经验与启示　　　180

第四节　黑龙江省农村生态环境政府治理的路径选择　　　188

参考文献　　　**198**

第一章

导　论

一、研究的源起与价值

（一）研究的源起

生态文明建设关系人民福祉，是建设全面小康社会的应有之义。解决好人民群众反映强烈的突出环境问题，是加强生态文明建设的当务之急。新中国成立以来，随着环境保护理念的深化，国家不断加大自然生态系统和环境保护力度，环境保护和生态文明建设取得了突出成绩和长足进步。以大气污染治理为例，蓝天明显增多，2019 年全国 338 个地级及以上城市 PM2.5 的平均浓度同比下降了 9.3%，比 2015 年下降 22%。[①] 2019 年，全国气象扩散条件比 2018 年偏差，但空气质量总体稳中向好，全国 337 个地级及以上城市平均优良天数比例达 82%。2019～2020 年秋冬季，三大重点区域均大幅度超额完成空气质量改善目标，PM2.5 平均浓度同比下降 14.9%，重污染天数同比下降 39%。[②] 2021 年 1 月，全国 339 个地级及以上城市平均优良天数比例为 74.7%，同比上升 5.2 个百分点；PM2.5 浓度为 54 微克/立方米，同比下降 15.6%；PM10 浓度为 89 微克/立方米，同比上升 8.5%；O^3 浓度为 85 微克/立方米，同比下降 3.4%；SO_2 浓度为 14 微克/立方米，同比持平；NO_2 浓度为 36 微克/立方米，同比上升 16.1%；

[①]　绝不能让发展压力干扰环境治理 [EB/OL]. 中国新闻网，2019 - 03 - 12.
[②]　代表委员热议生态文明建设 护卫一方蓝天 守住一江碧水 [EB/OL]. 中国新闻网，2020 - 05 - 25.

CO 浓度为 1.5 毫克/立方米，同比下降 6.2%。① 人民群众环境保护意识不断增强，各级政府环境治理措施扎实推进，陆续开展水土流失综合治理，加大荒漠化治理力度，扩大森林湖泊湿地面积，加强自然保护区保护，实施重大生态修复工程，逐步健全主体功能区制度，推进生态保护红线工作，全国生态状况显著改善，生态治理成效日益彰显，生态文明建设成就绿水青山。

在治理过程中，生态环境的改善主要依靠积极有效的生态治理政策。党的十八大以来，《关于加快推进生态文明建设的意见》和《生态文明体制改革总体方案》相继出台，40 多项涉及生态文明建设的改革方案制定落实，《大气污染防治行动计划》、《水污染防治行动计划》和《土壤污染防治行动计划》颁布实施，《中华人民共和国环境保护法》修订实行，开启了生态文明建设新篇章。

生态环境改善的成果来之不易。同时，当前推进生态文明建设和生态环境保护工作压力很大，治理任务艰巨，形势依然严峻。在我国经济由高速增长阶段转向高质量发展阶段过程中，污染防治和环境治理是需要跨越的一道重要关口。个别地方为了确保经济发展，无形中放松了环境治理力度；个别地方在经济下行压力加大的情况下，为了应对发展压力，环境监管多少有些放宽。这些趋势给环境治理带来困难。但我们始终坚持绿色发展理念不动摇，经济发展绝不以牺牲环境为代价。因此，面对新时期、新阶段生态治理的新问题，探索生态治理的应对之策，是完成生态治理任务的应有之义。

生态环境作为纯粹的公共物品，存在着非竞争性、非排他性等一系列的外部性特征。要解决环境的外部性问题，主要需要依靠政府的积极干预，出台相关的生态治理政策，政策工具的选择应用过程直接决定生态环境治理政策结果。目前，我国仍然存在生态治理政策工具选择主体单一，缺乏合理性、科学性、组合性等问题，没有顺应时代的潮流把握住机遇，依然依靠传统的经验决策进行生态治理政策工具的选择，没有追溯深层根源的影响因素有针对性地解决环境问题，由

① 2021 年 1 月全国环境空气质量状况公布 [EB/OL]. 搜狐新闻，2021 - 02 - 24.

此导致了生态治理效率低下。特别是在交织、融合着经济发展、政治目标复杂的生态环境背景下，部分地区仍旧没有一套科学完善的环境政策工具选择方法。

2020 年政府工作报告提出，要进一步提高生态环境治理成效。突出依法、科学、精准治污、深化重点地区大气污染治理攻坚。这些目标的实现必须依靠选择适当的政策，其中，政策工具的有效性是政策措施发挥应有作用的重要前提。伴随着信息时代的到来，中国社会已经进入飞速的互联网数据时代，"大数据"时代应运而生。这不仅加速了人们获取信息的速度，为人们的生活方式提供了便捷，同时也影响着国家治理的综合环境。互联网使国家的治理环境加倍复杂化，这大大冲击了中国原本较为单一的传统治理模式，包括生态环境治理模式。传统生态治理政策工具的选择方式和过程早已无法适于当前的政策环境，长此以往更会进一步加剧生态治理政策工具选择的低效性和不合理性，甚至导致生态环境进一步恶化，不利于美丽中国目标的实现。因此，环境政策工具的选择过程亟需一种新的突破和完善，亟须一种新的手段来打破现有的格局，大数据时代的来临为生态治理政策工具的选择带来了全新的机遇，通过大数据手段，对环境污染状况实时监控、预测，打破传统社会存在的信息壁垒，多渠道、广泛收集环境相关数据，分析影响环境恶化的多方因素，对环境污染成因追根溯源、细化分析，科学地选择合适的环境政策工具来遏制污染，从而减少环境污染的发生，提高生态环境治理的效率。

（二）学术价值与应用价值

我国生态治理所取得的成就举世瞩目，极大地坚定了各级政府进一步开展生态治理的决心，随着各地各级地方政府生态治理实践的不断推进，学术界也推出了一系列生态治理研究的重要成果，有效发挥了理论研究对实践的回应和指导作用。随着生态治理难度加大，如何选择更有效的生态治理政策工具，既是当下生态治理实践的关键所在，也是学术界生态治理研究中的新视野。本书针对我国生态治理的政策工具研究中的薄弱环节，综合运用经济学、政治学、行政学、法学等多学科研究工具，牢牢把握新时期中国生态文明建设的现实需求与地方生态治理的特殊困境，力争体现以下价值。

（1）以生态治理政策工具的基本理论研究为基础，弥补学术研究中的薄弱环节。目前，学术界对生态治理的研究已经取得丰硕成果，内容涉及生态治理的内涵、生态治理模式、生态治理路径等。本书将侧重于研究生态治理政策工具，评价以往生态治理政策效果，分析目前政策环境下生态治理工具的组合策略，争取在生态治理政策工具理论研究中有所突破和创新。同时也对各种不同类型生态问题进行分类研究，发现其共性与差异性，总结政策工具在治理不同生态问题过程中的经验，发现存在的问题，提炼出政策工具高效发挥作用的政策组合；借鉴国外生态治理政策工具运用的理论与实践经验，寻求适合中国国情的生态治理政策工具选择路径及组合模式。

（2）以大小兴安岭为实践样本，总结生态功能区生态治理的创新实践，探讨新时期生态功能区生态治理政策的实施策略。我国生态功能区的实践与理论研究起步较晚，一定程度上落后于部分发达国家，政策工具支持生态功能区建设的实践中还有很多方面尚存在欠缺需要改进。本书以财政政策工具为例，探寻公共财政支持生态建设的经济学依据。公共财政是生态补偿机制的坚实基础，生态补偿机制不能凭空创造，需要有扎实的理论依据为指导。生态经济学、环境经济学与资源经济学理论，特别是生态环境价值论、外部性理论和公共物品理论为生态补偿机制研究提供了理论基础。通过深入研究这三种理论与公共财政的内在联系，以实现巩固生态补偿经济学依据的研究目的。同时，对我国目前作用于生态功能区的财政政策进行绩效评价，正确对待已有成绩，重点查找问题，寻找不足，为完善我国生态功能区财政政策提供有益的参考。在我国的生态功能区建设中，财政政策是不可忽视的重要因素之一，综合考虑我国财政级次、财力结构与水平、财政手段效果等因素对生态功能区的影响，是更好发挥生态功能区作用的基础。以财政特征与生态特征两方面为线索，建立我国生态补偿机制，是一个有益的尝试。

（3）以黑龙江省为实践样本，总结雾霾治理中政策工具的有效性，探讨雾霾治理政策工具的优化对策。近年来，全国多地出现雾霾现象，给人们的生活以及健康带来了极大的困扰和伤害。现有关于政府雾霾治理的学术研究较少从政策工具的角度出发进行探索，而政策工具是实现政策目标的基本途径，作为有效的政策目标实现媒介不可或缺。黑龙江省政府部门针对不同的雾霾污染源制定了一系列的政策措施，但是，雾霾问题并没有得到明显的改善，甚至在部分地区污染情况越来越严重。政策工具作为政策问题和政策目标之间的桥梁，直接影响着雾霾治理的成效。本书从政策工具的角度来研究黑龙江省雾霾治理政策的有效性以及雾霾治理政策工具的优化选择和组合，以期提高雾霾治理政策的有效性，更好地解决雾霾污染问题。根据政策工具的一般理论内容，提出适于雾霾治理的具体政策工具分类，并提出完整的定义和指标体系，完善了雾霾治理政策工具研究的理论体系。本书有助于丰富政府雾霾治理中政策工具具体理论研究的内容，为雾霾治理的理论研究提供一种新的研究思路。

（4）以河北省为实践样本，总结大数据在环境政策工具选择中的具体应用经验，探讨基于大数据的环境政策工具选择路径。在京津冀区域协同发展的背景下，河北省的生态环境治理在改善京津冀总体环境质量中发挥着决定性的作用。本书基于大数据的视角对河北省环境治理政策工具领域进行研究，进而进行环境政策工具的选择，研究内容具有时代性、科学性和精准性。在日益复杂的社会背景下，力求摆脱传统单一的经验决策模式，同时，打破环境政策工具选择的固有思维，抓住"大数据"时代所能带来的机遇，探索出一种基于大数据的科学决策方式，为河北省选择精准的环境政策工具，探索出以大数据为技术支撑和理念的政策工具选择路径。

（5）以黑龙江省为样本，探讨农村生态环境政府治理的有效路径，为政府进行农村生态环境治理相关决策提供理论依据。农村生态环境政府治理是一个新兴的研究领域，国内外学者对此研究涉足尚少，本书将生态经济学、地方政府学、行政管理学三大学科进行紧密结合，从政府治理的视角对黑龙江省农村生态环境治理的现状进行多层面、多维度的考察，探索黑龙江省农村生态环境政府治理的有效路径，从学理上丰富和完善了政府治理理论，为后续研究农村生态环境政府治理奠定了理论基础。此外，本书深入研究了生态经济学理论、可持续发展理论、公共物品理论和政府治理理论，在构建新的理论框架的基础上，从政府治理目标、政府治理内容、政府治理结构和政府治理工具四个维度探讨黑龙江省农村生态环境政府治理的有效路径，为政府进行农村生态环境治理相关决策提供理论依据。

二、国内外研究状况述评

（一）关于生态治理的研究述评

生态环境问题是当今社会发展不可回避的重大问题之一，事关社会主义事业发展全局，也直接关系到人民群众的生存质量。生态环境治理受到我国学术界的广泛关注，目前，学者们主要从生态治理的内涵、生态治理相关理论、生态治理模式、生态治理路径和生态治理绩效评估等角度对生态治理进行研究。

1. 总体状况

笔者在中国知网（CNKI）以"生态治理"为主题进行检索，截至2020 年 5 月 26 日，已有来源于核心期刊的论文 2070 篇，其中，来源于中文社会科学引文索引（CSSCI）的有 909 篇。生态治理的研究开始于 1992年，2015～2020 年，生态治理的相关研究成果最为丰富（见图 1 - 1），《生态经济》是生态治理研究成果展示的最大平台（见表 1 - 1）。

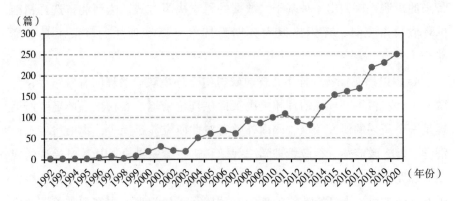

图 1 - 1　以"生态治理"为主题的文献年份分布

排名	期刊	数量（篇）
1	生态经济	78
2	环境保护	53
3	中国给水排水	50
4	生态学报	48
5	人民黄河	27
6	环境工程学报	18
7	人民论坛	16
8	环境工程	14
9	环境科学研究	12
10	中国行政管理	10

表1-1　　　　　　　　　生态治理研究十大文献来源

2. 主要研究专题

（1）生态治理的内涵。准确地把握生态治理的基本内涵是开展生态治理评价的基本前提和出发点。从已有的研究文献来看，学者们对于生态治理内涵的认识较为一致。薛晓源、陈家刚（2005）认为，在健康的政治共同体中，政府与社会中介组织，或者民间组织，将公共利益作为最高诉求，通过多元参与，在对话、沟通、交流中，形成关于公共利益的共识，做出符合大多数人利益的合法决策。这种多元参与、良性互动、诉诸公共利益的和谐治理形式，就是生态治理。王库（2009）提出，生态治理是指以政府在领导和引导人们认识和改造自然的过程中，在尊重自然、遵循客观规律的前提下，树立人与自然、社会与自然的平等观、和谐观，从维护社会、经济、自然系统的整体利益出发，以科学发展观为基本原则，以"原因治本的预防导向型"治理活动为主旨，以不破坏生态环境或减少对生态环境的影响为主线，通过政府、企业和第三部门等共同参与，并通过制定和实施法律及措施来保证生态不受破坏和修复自然环境，最终达到生态良好、环境优化、人与自然和谐相处的管理过程。余敏江（2011）指出，生态治理是指以政府为核心的多元行为主体以有效促进公共利益最大化为宗旨，民主运用公共权力并以科学的方法，依法制定与实施法律、法规及措施来保护生态环境、控制污染及解决环境纠纷，最终达到良性生态循环和实现人与自然和谐相处的管理过程。

（2）生态治理相关理论。一是"两山"理论。"两山"理论是我们党关于生态文明建设的根本理念。党的十八大以来，以习近平同志为核心的党中央，在治国理政方面提出了许多新理念新思想新战略，其中很重要的一方面就是习近平总书记关于生态文明建设的战略思想。郭世军（2020）强调，"两山"理论扎根现实、指引未来、直面世界难题，具有指导经济发展、建设生态文明、构建美好家园三重价值。在经济视域，这一理论在实践上可指导解决政府决策中生态保护与经济发展取舍困难的问题，理论上超越了资本逻辑，价值体系上坚持以人民为中心的绿色发展观，将绿色发展作为经济社会发展的根本性标准。"两山"理论具有人类永续发展和全球生态环境治理两大境域面向，既强调人类生态文明共生、共享、共续，又将全人类共同的生态福祉作为全球生态环境治理的根本标准，呈现了天、地、人融合共生的生态文明景象，展现了无产阶级政党为人类谋福祉、为世界求大同的崇高理想境界。"两山"理论不仅解决了在什么样的自然环境中谋求发展的问题，而且立足于中华文明的承继、发展与勃兴，不仅厘清了生态环境保护与改善和生产力保护与改善之间的关系，而且将唯物史观贯穿于生态环境治理全过程，从当前利益与长远利益的视角审视绿水青山与金山银山的关系，站在中华文明代际传承、永续发展的角度认识二者的关系。

二是共生理论。共生理论最早出现在生物学领域，后逐渐应用于经济学、人类学、社会学等领域。共生理论在多学科领域的应用有一个共同点，即均能反映出共生理论的核心要义——共存、合作、互利、互补、和谐、共进。胡守钧（2012）指出，共生是人与自然之间、人与人之间关于资源所形成的关系。在这个机制中，不同的社会主体寻找一个平衡点。尽管不同主体之间会有矛盾和斗争，而共生就是找到一个"度"，将矛盾和斗争降到最低，将彼此依赖和妥协放至最大。王雪梅（2018）认为，我国目前的生态环境面临着较大的问题，生态治理刻不容缓。共生理论的精髓在于各主体在平等的基础上的互利互惠，可以将共生理论合理地延伸到生态治理中，从主体共生角度出发，通过政府和环境非政府组织、企业以及大众传媒之间的合作，实现生态治理；同时，保证政府部门内部共生，各部门之间能够地位平等，相互合作，最终找到能够有效解决生态问题的治理方式。

三是合作治理理论。俞海山（2017）分析了参与治理与合作治理的异同，指出我国环境保护与治理的模式迫切需要从参与治理转为合作治理。这是由我国环境的公共物品性质、复杂性、不确定性和环境行为的外部性等特征决定的。俞海山（2017）强调，不同时代需要不同的治理方式，不同领域也需要不同的治理方式，生态环境的特性决定了生态环境领域特别适合政府、公众、企业和环保组织等多元主体的合作治理。在生态环境合作治理中，政府、公众、企业、环保组织各主体不再是单纯的服务主体，也不再是单纯的享受服务的主体，而往往同时是诉求表达者、服务提供者、服务享受者、政策制定者。生态环境合作治理的主要路径包括多元主体合作设计环保制度、合作提供环境公共产品、合作进行环境监管，并且应当以民主化作为前提条件。党秀云、郭钰（2020）强调，生态环境治理是我国实现可持续发展的重要构成部分，是巩固"五位一体"战略布局的重要基石，也是建设"美丽中国"的前提保障。由于生态环境问题具有无界性、蔓延性、外部性等特征，仅靠单一区域很难有效解决，在治理实践中也存在着诸多现实困境，跨区域合作治理成为解决生态环境问题的必由之路。加快相关法律法规与制度供给、建立生态环境治理责任清单、构建跨区域利益调节机制、建构多方参与的现代生态环境治理格局，是创新跨区域生态环境合作治理的路径选择。

（3）生态治理模式。在生态治理模式上，学者们大多强调信任、合作和多元主体，但对应采用的具体治理模式意见略有分歧，主要有生态环境网络治理模式、生态环境协同治理模式和生态环境多中心治理模式三类。

一是生态环境网络治理模式。网络治理是指为了实现与增进公共利益，政府部门与非政府部门等在相互依存环境中分享公共权力，共同管理公共事务的过程。易志斌（2012）提出，农村生态环境问题的复杂性决定了应该构建环境网络治理模式，政府应发挥引导和决策作用，培育和扶持非政府组织等社会力量共同解决农村生态环境问题。谭莉莉（2006）认为，政府是环境网络治理体系中的管理员，应放权以促进公民社会的发展和完善，并制定相应的法律法规来维护农村生态环境治理网络。

二是生态环境协同治理模式。协同治理强调多元主体基于利益共同体需要在采取行动时相互协调、相互配合、协同进步。严燕（2014）认为，协同治理是实现社会公共事务中多元主体资源共享和责任共担的治理机制，能从根本上弥补政府、市场或个体单一主体治理局限性，对有效解决农村生态环境问题具有独特价值。邹庆华（2016）强调，生态环境问题纷繁复杂，既要考虑系统性和整体性，又要考虑复杂性和局部性，必须由多个主体共同参与，各负其责，形成合力。协同思想为中国生态环境综合治理提供了一条新的思路。公民在生态环境协同治理中占据特殊的主体地位，公民的生态意识水平直接关系到中国生态环境治理的成败、经济社会的和谐与可持续发展。因此，必须在实现生态环境善治目标的指引下，把生态意识融入公民生态意识培育体系构建中，借鉴发达国家先进生态教育经验，拓宽公民生态意识培育视野；转变公民原有生态观念，提升公民生态意识教育水平；增强政府正面引导推动，培育公民参与生态实践能力；更新政府生态治理理念，推进生态相关制度全面建设。

三是生态环境多中心治理模式。多中心治理的基本观点是改变政府对于乡村社会的行政性管理和控制，让乡村内部的自主性力量在公共事物领域充分发挥基础性作用。欧阳恩钱（2006）认为，多中心环境治理以公民社会自主治理为基础，能适应生态环境治理的复杂性，因而是解决农村生态环境问题的根本途径。肖建华、彭芬兰（2007）提出，应从简化政府环境管制、构筑公众参与基础、推行环境管理的地方化等方面入手，构建起环境多中心治理模式。严丹屏、王春凤（2010）从我国生态环境治理现状出发，阐述了以市场为中心和以政府为中心两种传统生态环境治理模式的局限性，提出构建生态环境多中心治理模式，探析生态环境多中心治理路径：构建适当、有效的激励机制；加强政府间横向协作，形成生态环境治理的规模经济；加强对企业生态环境治理意识的培养；利用社会资本实现生态环境的有效治理；发挥非政府组织的功能，为民间环境保护组织提供良好的基础。

（4）生态治理路径。一是生态治理的法治路径。郭永园等（2019）强调，现代国家治理就其本质而言是依靠制度的治理，法治体系是国家治理的主要平台。坚持最严法治的治理理念既是生态文明融入政治文明建设的基本要求，也是全面依法治国在生态治理领域的具体体现。没有体系健全、运行有序的法治体系，就不可能有良好生态文明建设局面的出现。生态法治就是生态文明建设制度化和规范化的过程，是在全面推进依法治国的进程中以中国特色社会主义法治支撑和保障新时代生态文明建设。游贤梅、王习明（2019）认为，只有实行最严格的制度、最严密的法治，才能为生态文明建设提供可靠保障，农村生态治理必须将法治建设作为重点任务。应完善生态治理相关法律法规，做到有法可依；严守严控，落实监管，做到执法必严；奖惩分明，做到违法必究。

二是生态治理的制度路径。李华、龚健（2018）基于中央环保督察在 S 省工作实践的田野观察和案例分析，提出制度整合的环境治理思路：通过政府授权和分权在地方建立"环境保护治理委员会"的跨界混合组织作为处理与监督地方环保工作的枢纽和平台，制定规范环境问题处置的操作规程与工作标准，同时从"人的思想源头治理"入手引导和转化环境治理主体的思想、观念与认知。刘娟、任亮（2017）提出，生态治理是现代国家治理的重要组成部分，如何对生态环境进行综合性、多因素的治理是国家治理能力的核心之一。应将协商民主理论倡导的理性包容、参与倾听、双向对话嵌入生态治理的制度与程序之中，从开展、控制和引导基层民主实施入手，探讨协商民主对于重塑政府生态治理能力的有效途径，并识别影响基层生态民主的核心变量、民主属性以及制度环境。在此基础上，探讨生态协商中程序政治的构建，参与式生态治理体系路径的识别，利益集团如何形成良性博弈制衡以及中国生态正义政治的发展走向，并提出协商民主视角下生态政治的结构规划，包括民主协商制度的重建、政务信息公开制度的完善、协商民主对政府过程的强化作用以及权力下放、基层民主和多元治理并举，最终使协商民主成为撬动中国宏观民主制度的动力。

三是生态治理的社会规范路径。张卫海（2020）强调，生态治理是一个复杂而宏大的系统工程，需要社会各治理主体广泛协同参与。建构生态治理共同体凸显共同利益、凝聚共同力量、汇集共同行动，有助于推动我国生态环境的全面改善，实现人与自然和谐发展。李昂（2016）提出，充分引入多元治理主体参与，能够实现不同主体之间正向外部性的聚合和放大，增强治理的动态开放性。治理社会事务传统上是政府职能的一部分，但治理和发展问题的复杂性呼吁参与和决策多元化，以丰富的社会供给和市场智慧解决公共需求，是生态治理取得成功的有效路径。

四是生态治理的技术路径。张顶浩等（2012）提出，生态治理中由于理性人假设和财权、事权的下放导致了中央与地方政府间的信息不对称，由此带来了政策制定和执行中的成本扩大、政府信誉受到影响和引起政策上的冲突的风险；生态治理中地方政府信息公开是提高中央政府环境管理决策和执行力的要求，是政治民主化的要求，是转型期维护社会稳定的要求，也是提高地方政府环境政策制定和执行科学性的要求；要着力构建生态治理中中央与地方政府信息协调的沟通原则、合作原则、民主原则和责任机制、法制机制、监控机制；构建生态治理中中央与地方政府信息协调的技术路径要着重从基础建设、政务公开、业务电子化三个方面进行。俞兆程（2018）提出，大数据有强大的信息采集与分析处理优势，能够为环境监测与治理提供全方位的数据资源支持，能否有效运用大数据技术成为生态环境治理创新发展的关键。王芳、邓玲（2019）认为，生态环境治理手段的现代化是生态保护、污染防治的重要支撑。应加强环境保护技术的创新及应用，推进政府治理技术的转型升级，提升现代信息技术的生态效应。

（5）生态治理绩效评估。云宇龙（2016）通过对地方政府生态治理绩效评估进行理论与制度分析，深入探讨在国家生态文明战略导向下地方政府生态治理绩效评估制度存在的概念功能不足、内容体系缺陷、执行过程阻滞等问题，提出加强顶层设计、强化分类指导、健全保障体系、借鉴国外经验等改进路径，为加快地方政府生态治理绩效评估制度与生态文明制度体系的融合、助推国家生态文明战略实现提供借鉴与思路。

李代明（2018）提出，推动地方政府生态治理绩效考评既是理论需要，也是现实需要。要通过确立地方政府生态治理绩效考评价值取向、全面重塑地方政府生态治理绩效考评文化和完善地方政府生态治理绩效考评制度来进行顶层设计。从具体机制创新来看，一是要健全地方政府生态治理绩效考评信息管理机制，通过完善地方政府生态治理绩效考评信息保真机制、信息公开机制和信息共享机制来尽可能消除信息不对称。二是要完善地方政府生态治理绩效考评指标调整机制。通过对考评指标体系的动态调整使得考评指标体系更完备、更科学。三是要创新地方政府生态治理绩效考评激励与约束机制。通过完善地方政府生态治理绩效考评激励相容机制、专业监督机制和责任追究机制来规范和引导地方政府生态治理绩效考评沿着预设的路径进行。四是优化地方政府生态治理绩效考评结果运用机制，要通过地方政府生态治理绩效考评结果研判机制、执行机制和反馈机制落实和监督考评结果的实际运用效果。

（二）关于政策工具的研究述评

研究和优化政策工具是我国学界与政界共同关注的重大问题，近些年来，围绕该问题的研究已经出现了如下趋势：研究视角更加多样，研究内容更加深入，研究方法更加多元，研究质量逐步提高，实现了理论研究与实践探索的互相推动。

公共政策是指国家通过对资源的战略性运用，以协调经济社会活动及相互关系的一系列政策的总称，是一个综合体系。为了更好地对其进行分析和研究，评测已有的政策体系完善与否，为未来政策的调整及优化提供有效的方法和途径，需建立相对完备合理的政策分析框架。建立公共政策的分析框架应着眼于政策工具。政策工具是组成政策体系的元素，是由政府所掌握的、可以运用的达成政策目标的手段和措施。公共政策就是政府对各种政策工具的设计、组织、搭配及运用而形成的。萨拉蒙（Salamon，1981）认为，聚焦于政府所安排和执行的政策工具的性质，是理解公共政策的最佳分析方式。目前，学界对政策工具的研究主要围绕在政策工具的概念和内涵、政策工具的分类与选择问题，取得了可喜的成就。

1. 总体情况

笔者在中国知网（CNKI）以"政策工具"为主体进行检索，截至2020年5月28日，已有来源于核心期刊的论文共4082篇，其中，来源于中文社会科学引文索引（CSSCI）的是2933篇。国内政策工具研究开始于2007年，2016年以来国内对于政策工具的研究成果增长最为迅速；《中国金融》是政策工具研究成果展示的最大平台；"政策工具""货币政策""货币政策工具"等是高频出现的关键词（见图1-2、表1-2、表1-3）。

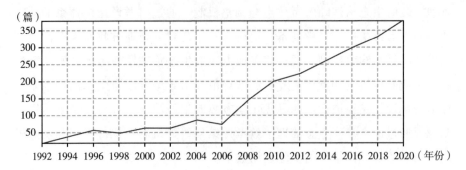

图1-2 以"政策工具"为主题的文献年份分布

表1-2 政策工具研究十大文献来源

排名	期刊	数量（篇）
1	中国金融	131
2	南方金融	69
3	金融研究	68
4	上海金融	60
5	金融理论与实践	57
6	科技管理研究	56
7	国际金融研究	53
8	金融与科技	48
9	科技进步与对策	48
10	中国行政管理	46

表1-3 政策工具研究十大高频关键词

排名	关键词	数量（篇）
1	政策工具	607
2	货币政策	470
3	货币政策工具	120
4	宏观调控	59
5	公共政策	58
6	内容分析	50
7	中央银行	49
8	传导机制	49
9	宏观审慎监管政策	49
10	财政政策	48

2. 主要研究专题

（1）关于政策工具的概念与内涵。概念界定是学术研究的起点和重点，政策工具又称为治理工具、政府工具。国内外众多学者从不同方面都对其进行了不同的定义。对于政策工具的研究最早是在 20 世纪 50 年代开始的，美国经济学家达尔和林德布洛姆撰写的《论现代国家采取的政治经济—技术》一书中提出政策工具这一概念。随后，随着学者们对政策工具的研究加深，从不同角度层面对政策工具的概念进行了讨论。

一是功能定位角度。学者们普遍认为，政策工具的主要目的是政府为达成一定的管理目标所采取的手段。如萨拉姆（Salam，2002）认为，政策工具是"影响政策过程以达到既定目标的任何事物"。陈振明（2003）认为，政策工具是政府为解决社会问题或达成一定目标而采用的具体方法和手段。陶学荣、崔运武（2008）认为，政策工具是"公共部门或社会组织为解决某一社会问题或是达成一定的政策目标而采用的具体手段和方式的统称"。

二是政府行为角度。学者们认为，政策工具可以调节政府行为，影响社会变迁。瓦当（Vedung，1997）认为，政策工具是政府部门运用权力获取社会支持并影响社会变迁的过程中采取的技术。斯图尔特（Stewart，2004）把政策工具视为政策执行的技术，并概括出两种技术途径，即命令控制途径和市场化途径。休斯（Hughes，2001）认为，政策工具是"政府的行为方式，以及通过某种途径用以调节政府行为的机制"。张成福、党秀云（2001）认为，政策工具是"政府将其实质目标转化为具体行为的路径和机制"。

从上述学者们表述的概念可以看出，虽然国内外学界对政策工具定义千差万别，但是，这些概念定义都体现出一个共同基本属性——公共政策主体在执行政策过程中，达成政策目标中所采取的手段、方法和途径。结合上述概念，我们认为，政策工具是政府选择并执行的为达成政策目标或解决政策问题的途径与手段。

关于政策工具的内涵，学界广泛认同的观点是将政策工具看作一种"客体"，胡德（Hood，1983）认为，政策工具这一概念可以将其区分为"客体"和"活动"。政策工具可以被当成"客体"，在法律文献中，人们将法律法规当作是一种工具，是因为法律法规能形成一整套命令和规则。另外，工具也可被当成一种"活动"，曾锡环、廖燕珠（2020）认为，政策工具的内涵是"达成政策目标的重要手段，政策工具分类有助于认识政策实施的基本规律。不同的政策研究需找到合适的视角对政策工具进行分类"。吴俊等（2020）认为，政策工具的内涵就是"怎么做"，是"实现政策目标的策略、举措和机制的多元组合，是连接政策目标与政策执行结果的纽带"。姚威等（2020）认为，政策工具的内涵是"有政府及相关决策者使用的，用于实现政策改革目标的措施和手段，是政府将政策意图转变为政策执行的中介环节"。朱健、何慧（2020）认为，政策工具的内涵是"将历年转变为现实，进而实现政策目标的手段"。根据这些研究，我们可以明确政策工具存在的理由是为了实现政策目标，是目标和结果之间的连接桥梁。政策工具仅仅是手段，而不是目的本身。政策工具的范围十分广泛，可灵活地选择各种政策工具。政策工具的主体不仅是政府，也可以是其他主体。我们可以发现在目前有关于政策工具的研究中，为了实现政策的预期目标，既可以通过政策工具来协助制定政策，又可以利用政策工具保障政策有效执行。也就是说，政策在制定阶段和执行阶段都需要政策工具的支持。

（2）关于政策工具的特征。对于政策工具的本质特征，目前学术界尚未达成完全共识，陈振明（2015）提出的以下三个方面的特质得到了普遍认同。

一是可应用性。评价工具效力是古典研究途径中最重要的问题。人们对政策工具法关注焦点应在哪些主体参与了工具的应用过程，通过应用各个主体对各个过程的影响程度，以及各个参与者之间的协调合作等问题。

二是动态性。政策工具并非一经选中就永远不变，它必须不断地调整以满足社会经济的发展需要。政策工具在执行过程中会随着时间推移而改变，一种模式并不能适应各种不同的情况，需要对工具的多样性做更多的研究。

三是可优化性。多个政策工具同时并协调的运用更符合现代社会经济发展的需要，政策工具优化组合能取长补短，避免单个工具的片面性。

（3）政策工具的主要内容。正如学者们所言，政策工具是政府为了达成政策目标所采取的手段。很长一段时间里，政策工具的分类主要依靠工具的特征来进行，由于目前没有一种全面穷尽的分类，学者们也是角度不同，众说纷纭。

科臣（Cochen，1964）最早试图对政策工具进行分类，通过对一系列执行经济政策从而获得最佳结果的工具进行关注，整理出64种工具，但仅仅是进行政策工具的列举，并未进行系统化的分类。

罗威（Lowi，1972）、达尔和林德布洛姆（Dahl and Lindblom，1953）等学者对政策工具进行了宽泛的分类，分为规制性工具和非规制性工具两类。萨拉姆（2002）在之前学者研究的基础上又进行了进一步的归纳分类，增加了开支性工具与非开支性工具两种类型。

胡德（Hood，1986）通过对以往政策工具的研究提出了具有系统化的分类框架，所有政策工具在该框架内可分为信息、权威、财力和可利用的正式组织四种，他认为，所有的政策工具都会使用该框架内政策工具资源的任意一种或几种。该研究对后续政策工具的研究奠定了坚实的研究基础。

麦克唐奈和埃尔莫尔（McDonnell and Elmore，1987）根据不同政策所要实现的不同目标，将之前归纳出的政策工具分为四大类：命令型政策工具、激励型政策工具、能力建设型政策工具和系统变迁型政策工具。

英格拉姆和施耐德（Ingram and Schneider，1990）等也作出了类似的政策工具分类，他们将政策工具分为激励型工具、能力建设型工具、符号与劝归型工具和学习型工具四大类。

狄龙（Doslen，1989）将政策工具进行总结，划分为法律工具、经济工具和交流工具（或称为监管工具、财政工具和信息转移工具）三大类。每组政策工具均由其变种，以便于限制或扩展政策工具影响行动者行为的可能性。这种分类方法问世以来在西方比较受推崇。

罗斯维尔（Roseville，1991）按照政府与社会间的关系，将政策工具分为三类：需求型工具、环境型工具和供给型工具。这是目前认可程度较高、应用范围较广的分类模式。

霍莱特和拉梅什（Hollet and Ramesh，1995）通过分析政策工具的强制性特点，将政策工具分为强制性工具、自愿性工具和混合性工具。该种分类方法具有较强的合理性和可解释性。德林和菲德（Delin and Field，

2007）也通过分析政策工具的强制性程度将政策工具分为自律型政策工具和全民所有型政策工具，前者强制性程度最低，后者强制性程度最高。根据政策工具的强制性进行的分类体现了政府与社会之间的关系。

休斯（Hughes，2001）认为，政府的干预可以通过供应、补贴、生产和管制四个方面的经济手段来实现。

林德和彼得斯（Linder and Peters，1989）认为，政策工具应该是多元化的，这些多元化的政策工具包括命令条款、政府补助、管制规定、征税、劝诫、权威和契约。

美国"政府再造大师"戴维·奥斯本和特德·盖布勒（David Osborne and Ted Gaebler，2013）将政策工具比喻为"政府箭袋里的箭"，将政策工具分为传统类、创新类和先锋类三大类。

萨瓦斯（Savas）认为，政策工具应该包含政府服务、政府协议、契约、特许经营、补助、市场、用户付费、志愿服务等手段，来促进政府稳定社会发展。

国内学者对于政策工具的分类主要有三种。张成福、党秀云（2001）将政策工具按照政府的介入程度进行了分类，分别是：政府部门直接提供财货与服务、政府部门委托其他部门提供、签约外包、补助或补贴、抵用券、经营特许权、政府贩售特定服务、自我协助、志愿服务和市场运作。

陈振明（2003）将政策工具分为三大类，即市场化工具、工商管理技术和社会化手段。市场化工具指的是政府利用市场这一资源进行有效配置的机制，用来帮助政府达成政策目标；工商管理技术是把企业的管理理念和方式借鉴到公共部门中来，吸取有效经验来达成政策目标；社会化手段是指政府更多地利用社会资源，在一种与社会资源互动的基础上实现政策目标。

陶学荣（2006）将政策工具分为经济性工具、行政性工具、管理性工具、政治性工具和社会性工具五类。

综上所述，2000年以前，学界对政策工具的研究主要集中于政策工具的本质方面，如政策工具的概念界定以及分类等，2006年起，政策工具在不同领域的研究成果开始纷纷涌现。

金融领域方面对于政策工具研究成果最多。滑冬玲（2010）通过对

2007～2009 年全球经济危机下我国的金融应对措施进行分析，认为由于商业银行存在不正确的盈利模式及行政行为导致我国改变法定存款准备金率这一政策工具效果不明显。呼吁公开市场操作，提高人民银行的独立性来保证我国金融行业平稳发展。李安安（2015）通过从法律层面分析，明确了以权利配置为中心的金融政策工具法律配置理念和以组合配置为主线的金融政策工具法律配置方法，并针对金融资本市场存在的问题提出了加快利率市场化改革步伐、推进人民币利率市场化形成机制改革等重要建议。孙丹（2017）认为，我国处于转轨时期，经济社会存在许多深层次矛盾，预算、信贷、金融市场等制度不健全导致 SLF、MLF、PSL 等创新性的货币政策工具在操作中存在不足，不利于市场利率引导，增加货币政策调控难度，容易引发套利风险，并提出需建立健全的利率走廊机制，明确货币政策操作目标利率等相关建议。周佰成（2020）通过对 2005～2017 年的进出口量、价格指数等数据进行收集建模分析，认为我国近年来的货币政策工具对产业结构确实存在优化升级作用，适度使用紧缩的价格型货币政策工具以及数量型货币政策工具有利于引导生产资料向高效率部门流动，优胜劣汰促进产业结构升级。胡小文（2020）认为，我国货币政策一直有"多工具多目标"特征，并认为在多种政策目标下，目标间的冲突会越来越凸显，需要合理搭配使用多种货币政策工具以应对外部经济冲击，保证经济平稳发展。

在环境领域方面的政策工具研究成果近年来也纷纷涌现。吴巧生、成金华（2007）认为，不同的环境政策工具对技术进步的影响和社会福利效果是有显著差异的。要根据不同产业和厂商的行为特征，从有利于激励技术进步和增进社会福利的高度，对环境政策工具进行选择和适时调整。环境政策工具的采用不仅从本国利益出发，还应从全球角度出发。经济全球化决定了环境政策工具的选择与使用要受到全球环境协议的约束。刘丹鹤（2010）分析了哥本哈根世界气候大会对全球共同环境问题的探讨，结合我国环境政策进行研究，认为要实现环境政策效果，要坚持多重工具组合（mutli‐part instrument）和综合治理并举政策，创造一个更有效率目标导向的环境激励。李伟伟（2014）通过对我国环境政策的发展演变过程进行总结，由于传统的命令—控制型环境政策较为低效，他将环境政策工具细分为自愿型环境政策工具和经济型环境政策工具。但每一种政策工具都有优势和局限性，必须用科学的、多样的政策工具来构建环境政策体系。赵新锋、袁宗威（2016）针对区域大气污染治理的具体应用和操作层面的政策工具进行研究，认为政策工具的优化选择是一个逐步适应环境不断改进的过程，并根据我国大气治理政策工具的使用提出建议：完善管制型政策工具，发挥市场型政策工具的积极作用，细化自愿性政策工具，并根据我国大气污染治理情况随时进行改进。木齐坚（2020）利用瓦当设计的政策工具三分法，对当前节能环保产业政策工具进行研究，认为该产业包括管制型政策工具、经济型政策工具和信息型政策工具三种类型，应进一步形成规范、合理的管制型制度，以普惠为主而非补助的经济型制度，以提供信息为主的信息型制度，促进节能环保产业健康、有序发展。

在教育政策工具领域，黄忠敬（2008）将教育政策工具分为五种：命令型工具、激励型工具、能力建设型工具、系统变革工具和劝告或诱导工具。政策工具的选择与切入角度要根据现有教育情况实事求是分析。政府官员对政策工具的选择不仅是动态变化的，而且政治性的考虑必定超过经济性和工具性的考虑，也就是说政策工具与其赖以发挥作用的社会环境之间有着密切的联系。吴合文（2011）回顾了我国高等教育在改革开放以来的巨大变化，认为教育已从精英化阶段步入大众化阶段，这一阶段一个突出特征就是教育政策工具的增长和创新，一定程度上促进了高等教育管理科学化和民主化发展。我国的教育政策工具从权威工具和能力工具转变为激励工具、符号和规劝工具以及学习工具，并认为政府对政策工具的运用不可能彻底摆脱目前形成的工具选择思维，改革仍是渐进的，这取决于政府对高等教育发展的态度。更重要的是，未来全球化力量的影响下必然会摆脱僵化思维，以更加灵活的态度选择相应政策工具，有效推进政策执行。姚俊（2020）从关系与制度双重嵌入性入手，分析政策微观网络环境和宏观制度环境两个"核心环境"是如何影响改革开放以来中国高等教育政策工具的选择，结果表明，强制性政策工具为主、其他多元化工具为辅的政策工具选择结果，是国家发展战略、治理方式、政策执行所构成的制度背景中，由政策网络规模、边界、连接性、凝聚性、权利关系、行动者策略等网络特征所决定的，如何进一步构建精确化的理论模型以及政策工具使用过程中的演变是未来值得关注的研究方向。褚宏启（2020）通过对我国新时代教育公平的新功能进行研究，认为应把教育结果公平、教育的差异性公平、学前教育公平作为推进教育公平的新重点，有效推进教育公平，完善教育政策工具箱，改变政府过去主要使用行政性工具的做法，把经济性工具和社会性工具纳入，同时选择恰当的政策工具组合，精准解决教育公平的重点和难点问题。

从金融、环境和教育三个领域近几年关于政策工具研究的成果来看，随着全球化力量逐渐加强，政策工具的选择与使用必然要摆脱选择单一政策工具的这种僵化思维，更加灵活、根据实际情况多种政策工具的混合使用模式将成为未来各个行业政策工具的研究热点。

3. 政策工具研究的薄弱环节与发展趋势

综上所述，近年来，国内外学者从不同层面和角度就政策工具进行了大力探索，哲学研究成果深化了人们对政策工具的认识，丰富了政策工具的研究内容，也一定程度上推动了政府运用政策工具的优化实践。然而，现有研究仍存在下列薄弱环节。

一是政策工具至今没有一个统一分类。结合目前学界对于政策工具的研究，有的研究对政策工具分类太过宽泛不够具体，如林德布洛姆（C E Lindblom，1977）等作出的分类，只是大致简单地分为两大类，并未从多个角度进行验证和细化；有的研究是利用列举法进行分类，分类参考因素过多，且太过于具体，难以穷尽，不科学严谨；有的分类大部分借鉴了企业类的分类，部分忽视了公共性；有的分类对于一些非正式工具未加以重视。急需一种广泛认可全面的政策工具分类方法。

二是研究深度仍然不够。研究政策工具往往处于静态角度，忽视了政策工具的动态性，导致分类方式僵化，分类存在"灰色领域"，较难判断。政策工具还涉及许多价值因素，较难在公共组织的不同价值中进行选择和整合。

对于政策工具的发展趋势研究，秦颖、徐光（2007）认为，以命令控制式和基于市场经济式的政策工具随着时间推移不断凸现其缺陷，协议式的政策工具出现成为必然。但传统政策工具出现缺陷并不意味着我们要去削弱或限制它的作用，而是需要寻求其他手段来弥补不足或作为它们的补充手段。李晟旭（2010）认为，针对如今社会问题与政策目标单一的政策工具不能解决所有问题，需要针对具体的社会问题与政策目标对若干工具进行组合，从而形成一种"混合型"工具。混合型政策工具本质上是各种政策工具的组合过程，这一过程能提高政策适用范围，提高政策的有效性。李津石（2013）认为，政策工具研究焦点正在从"一元"转型为"多元"发展，研究层次逐步从政策工具的属性研究过渡到政策工具的选择与运用研究，与公共管理方式变革接轨，更加注重于开发新的政策工具研究以及政策工具的绩效研究。综上所述，目前，学界对政策工具研究趋势已从单一的研究政策工具本质属性发展为如何开发新的政策工具以及如何让政府更有效率地选择与运用政策工具的研究，研究的对象也从单一政策工具研究发展为多种政策工具共同发展，在这样的研究背景下，如何整合政策工具协调发展将会是未来研究的热点。

（三）生态治理与政策工具的知识图谱

本书旨在通过对近年来我国生态治理和政策工具研究文献的科学计量分析，绘制出系列科学图谱，全方位再现近年来我国生态治理和政策工具研究的时空动态演化历程，全面回顾我国生态治理和政策工具研究的基本情况，找出该领域的热点主题，寻找目前的研究前沿，探寻发展趋势，为未来的深入研究提供借鉴参考。

1. 数据来源与研究方法

文献选取中国学术期刊网络出版总库（CNKI），检索主题词分别为："生态治理"和"政策工具"；文献来源类别为核心期刊；文献来源年限为2010～2020年；检索条件为"精确"。操作时间分别为：2020年5月26日和2020年5月29日，检索到"生态治理"相关文献1360篇，经过筛选后获取精确文献1349篇；检索到"政策工具"相关文献2625篇，经过筛选后获取精确文献2604篇。

共词分析是内容分析法的一种，通过统计两个词在同一篇文献中的出现频次，在此基础上进行聚类整合，分析共现关键词之间的疏密关系，进而探究该研究领域的热点主题、前沿趋势、知识基础、演变路径等。由于共词分析可以对数据库中的文献进行规模化统计运算，因而，可以识别当前的热点、前沿，还可以探寻研究对象的演变路径及发展趋势。基于共词分析的科学知识图谱不仅能够用来挖掘某研究领域的演变、热点和前沿，而且可以利用可视化效果对该研究领域进行全景式再现。本书运用的科学知识图谱工具是美国德雷塞尔大学陈超美博士开发的可视化软件 Cite Spase，该软件能够绘制基于关键词共词分析的聚类图谱和时区视图。

在对检索出的文献数据进行存储和转换格式后，运用 Cite Spase 软件，将相关文献数据导入，设置年度切片时间为 1 年，阈值取前 50，绘制共现图谱、时区视图等，生成对应的文本参考信息。

2. 生态治理研究的知识图谱

（1）基本情况。由图 1 - 3 可知，2010～2020 年，国内生态治理研究的发文量在 2010 年前呈上升趋势，从 2011 年开始下降，2013 年降到 73 篇后，2014 年开始呈现逐年上升的趋势，2018 年增长幅度大幅度提高，2020年全年发文量达到 216 篇。可以看出，国内生态治理研究已经成为一个热点研究领域，具有较大的研究价值和研究前景。

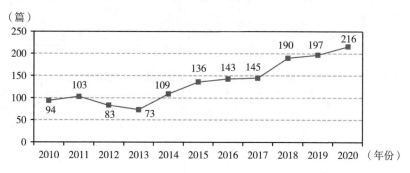

图 1 - 3 国内生态治理研究相关文献的年代分布

（2）重要研究力量。表 1 - 4 是 2010～2020 年发文量前 15 位的作者，其中，苏州大学张劲松、方世南，中南财经政法大学王雨辰等都是国内生态治理研究方面重要的作者，发文量排名在前 15 位的作者有40% 来自苏州大学。表 1 - 5 是 2010～2020 年发文量在前 20 位的机构，苏州大学、中国科学院大学、中国人民大学、河海大学和中国科学院生态研究中心排名在前 5 位，涵盖了高等学校和研究机构，成为国内研究生态治理方面重要的研究力量。

表1-4 2010~2020年国内生态治理研究发文量前15位的作者

序号	作者	篇数（篇）	单位
1	张劲松	10	苏州大学
2	王雨辰	9	中南财经政法大学
3	方世南	7	苏州大学
4	王芳	6	华东理工大学
5	熊康宁	6	贵州师范大学
6	张金良	6	河南省黄河勘测规划设计有限公司
7	余敏江	5	苏州大学
8	黄爱宝	5	南京工业大学
9	唐鸣	5	华中师范大学
10	樊胜岳	5	中央民族大学
11	沈承诚	5	苏州大学
12	金太军	4	苏州大学
13	于鲁冀	4	郑州大学
14	周文龙	4	贵州师范大学
15	甄霖	4	中国科学院地理科学与资源研究所

表1-5 2010~2020年国内生态治理研究发文量前20位的机构

序号	机构	篇数（篇）	序号	机构	篇数（篇）
1	苏州大学	40	11	北京大学	18
2	中国科学院大学	25	12	西北农林科技大学	18
3	中国人民大学	22	13	中国农业大学	16
4	河海大学	22	14	北京师范大学	16
5	中国科学院生态研究中心	21	15	同济大学	16
6	华中师范大学	20	16	福建农林大学	14
7	北京林业大学	20	17	武汉大学	14
8	清华大学	20	18	南京大学	13
9	中南财经政法大学	19	19	中国科学院地理科学与资源研究所	12
10	贵州师范大学	19	20	南开大学	12

（3）高被引文献。表1-6是2010~2020年国内生态治理研究领域前20位的高被引文献，学科类型主要是基础科学、工程科技等，研究的领域主要为设计生态保护、生态治理的评价等。近几年研究逐步转向生态治理与政府、生态文明的关系，成为近期该领域研究的热点。

表1-6　　　2010~2020年国内生态治理研究领域前20位的高被引文献

序号	作者	标题	被引次数（次）	年/期	期刊名称
1	高珊、黄贤金	基于绩效评价的区域生态文明指标体系构建——以江苏省为例	178	2010/05	经济地理
2	段靖、严岩、王丹寅、董正举、代方舟	流域生态补偿标准中成本核算的原理分析与方法改进	141	2010/01	生态学报
3	周涛、王云鹏、龚健周、王芳、冯艳芬	生态足迹的模型修正与方法改进	124	2015/14	生态学报
4	巩杰、赵彩霞、谢余初、高彦净	基于景观格局的甘肃白龙江流域生态风险评价与管理	103	2014/07	应用生态学报
5	张勤	网络舆情的生态治理与政府信任重塑	102	2014/04	中国行政管理
6	王喆、周凌一	京津冀生态环境协同治理研究——基于体制机制视角探讨	94	2015/07	经济与管理研究
7	张奇春、王雪芹、时亚南、王光火	不同施肥处理对长期不施肥区稻田土壤微生物生态特性的影响	78	2010/01	植物营养与肥料学报
8	涂剑成、赵庆良、杨倩倩	东北地区城市污水处理厂污泥中重金属的形态分布及其潜在生态风险评价	74	2012/03	环境科学学报
9	肖俊夫、刘战东、南纪琴、于秀琴	不同水分处理对春玉米生态指标、耗水量及产量的影响	73	2010/06	玉米科学

序号	作者	标题	被引次数（次）	年/期	期刊名称
10	牛君、季正聚	试析政治生态治理与重构的路径	72	2015/04	中共中央党校学报
11	刘冬、林乃峰、邹长新、游广永	国外生态保护地体系对我国生态保护红线划定与管理的启示	72	2015/06	生物多样性
12	金太军、沈承诚	政府生态治理、地方政府核心行动者与政治锦标赛	71	2012/06	南京社会科学
13	王雨辰	当代生态文明理论的三个争论及其价值	70	2012/08	哲学动态
14	邹长新、王丽霞、刘军会	论生态保护红线的类型划分与管控	67	2015/06	生物多样性
15	徐以祥、刘海波	生态文明与我国环境法律责任立法的完善	66	2014/07	法学杂志
16	高春芳、刘超翔、王振、黄栩、刘琳、朱葛夫、廖杰	人工湿地组合生态工艺对规模化猪场养殖废水的净化效果研究	65	2011/01	生态环境学报
17	翟保平	稻飞虱：国际视野下的中国问题	66	2011/05	应用昆虫学报
18	王家庭、曹清峰	京津冀区域生态协同治理：由政府行为与市场机制引申	65	2014/05	改革
19	曹承进、陈振楼、王军、黄民生、钱嫦萍、柳林	城市黑臭河道底泥生态疏浚技术进展	65	2011/01	华东师范大学学报（自然科学版）
20	欧阳志云、李小马、徐卫华、李煜珊、郑华、王效科	北京市生态用地规划与管理对策	62	2015/11	生态学报

（4）知识图谱。运用 Cite Spase 软件进行统计分析，发现 1349 篇文章中包含有效关键词 464 个，关键词出现总频次为 1495 次。表 1 - 7 为前 50位的高频关键词列表。这些关键词反映出国内生态治理研究领域的专业术语，一定程度上代表了近些年的研究主题、热点。"生态治理"出现频次

为 229 次，"生态文明"出现频次为 88 次，高于其他关键词的次数。

表 1－7　　　2010～2020 年国内生态治理研究前 50 位的关键词

序号	关键词	频次（次）	序号	关键词	频次（次）
1	生态治理	229	26	新时代	7
2	生态文明	88	27	治理模式	7
3	生态环境	41	28	生态危机	7
4	生态修复	36	29	生态效益	7
5	治理	24	30	生态环境研究	6
6	生态补偿	23	31	中央政府	6
7	生态风险	22	32	人类命运共同体	6
8	习近平	18	33	公众参与	6
9	协同治理	17	34	农村生活污水	6
10	生态安全	15	35	地方政府	6
11	生态文明建设	15	36	指标体系	6
12	可持续发展	13	37	政治生态	6
13	生态	12	38	污水处理	6
14	环境治理	11	39	环境管理	6
15	生态恢复	11	40	生态公益林	6
16	绿色发展	11	41	生态学	6
17	国家治理	10	42	生态管理	6
18	重金属	10	43	生态系统	6
19	习近平生态文明思想	9	44	石漠化	6
20	乡村振兴	9	45	京津冀	5
21	生态环境治理	9	46	农村生态环境	5
22	对策	8	47	污水处理厂	5
23	生命共同体	8	48	生态保护红线	5
24	美丽中国	8	49	生态工程	5
25	人工湿地	7	50	生态文明思想	5

　　共词分析法利用文献集中词汇对名词短语共同出现的情况，来确定该文献集所代表学科中各主题之间的关系。统计一组文献的主题词两两之间在同一篇文献出现的频率，便可形成一个由这些词对关联所组成的共词网络。联系紧密的关键词会相对形成一个个小的团体，进而可以将

这个小团体中的关键词进行归纳总结，总结出一个个主题，然后对主题进行详细论述。生态治理研究领域影响力较高的关键节点，依次为"生态治理（0.42，229）""生态环境（0.09，41）""生态修复（0.08，36）""生态补偿（0.08，23）""生态风险（0.07，22）""治理（0.03，24）""生态安全（0.03，15）""生态文明建设（0.02，15）""可持续发展（0.03，13）""生态文明（0.20，88）"。可以看出，有些关键词的频次高，但中心度较低。

（5）热点主题。根据聚类图谱、关键词列表和搜索的相关文献分析，通过时间线视图更便于看出生态治理研究主题的时间跨度，2010～2020年我国生态治理研究热点的演化路径。"生态风险""生态文明""生态安全"集中体现在2010～2012年，2013～2014年生态治理研究发文量下降，随之在热点主题方面显示不明显，2015～2016年，"环境治理""政治生态""生态文明建设"相关热点相继出现，2017年后，"美丽中国""新时代""生命共同体"集中体现在生态治理研究的相关文献中。

（6）前沿趋势。利用 Cite Spase 软件生成的时区视图，与突变词探测相结合，可以捕获未来生态治理研究的演变路径及前沿发展趋势。10个突变词为生态治理研究的演化变迁做了关键注释，标志着演化过程中研究转移的方向和新兴热点的体现（见表1－8）。

表1－8　　　　　　　　生态治理研究的10个突变词

序号	突变词	突变强度	首次出现时间（年份）
1	生态	3.48	2012
2	绿色发展	3.31	2014
3	生命共同体	3.31	2018
4	习近平生态文明思想	3.16	2018
5	生态公益林	3.01	2010
6	政治生态	2.93	2015
7	新时代	2.89	2018
8	协同治理	2.74	2015
9	生态管理	2.73	2010
10	生态文明建设	2.66	2016

3. 政策工具研究的知识图谱

（1）基本情况。由图 1 – 4 可知，2010～2020 年，国内政策研究的发文量总体呈上升趋势，2020 年全年发文量达到 351 篇。可以看出，国内对政策工具的研究已经成为一个热点研究领域，具有较大的研究价值和研究前景。但是，以生态治理和政策工具为主题相关联的文献只有 4 篇，2015 年有 2 篇，2019 年有 2 篇。

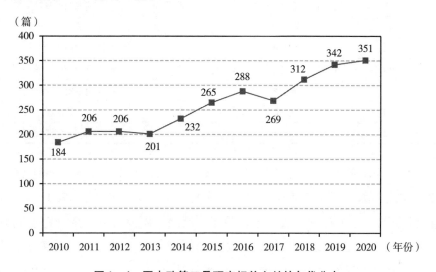

图 1 – 4　国内政策工具研究相关文献的年代分布

（2）重要研究力量。表 1 – 9 是 2010～2020 年政策工具发文量前 15 位的作者，其中，吉林大学刘金泉、张龙，北京工业大学张永安等都是国内政策工具研究方面重要的作者。以生态治理和政策工具为主题相关联的发文作者未出现在表 1 –9，可见，当前政策工具视角下的生态治理研究过少。

表 1 – 9　　2010～2020 年国内政策工具研究发文量前 15 位的作者

序号	作者	篇数（篇）	单位
1	刘金全	13	吉林大学
2	张龙	9	吉林大学
3	张永安	9	北京工业大学
4	苏竣	7	清华大学

序号	作者	篇数（篇）	单位
5	李凡	7	北京第二外国语学院
6	张再生	7	天津大学
7	李成	7	西安交通大学
8	章文光	6	北京师范大学
9	尹继志	6	河北金融学院
10	汤志伟	5	电子科技大学
11	姚海琳	5	中南大学
12	李良成	5	华南理工大学
13	卞志村	5	南京财经大学
14	李健	5	天津大学
15	陈华	5	山东经济学院

（3）知识图谱。运用 Cite Spase 软件进行统计分析发现，2604 篇文章中包含有效关键词 521 个，关键词出现总频次为 3900 次。表 1 - 10 为前 50 位的高频关键词列表。这些关键词反映出国内政策工具研究领域的专业术语，一定程度上代表了近些年的研究主题、热点。"政策工具"出现频次为 557 次，"货币政策"出现频次为 322 次，远远高于其他关键词出现的频次，还有一些关键词出现相同的频次，如"中央银行""有效性"为 35 次，"财政金融""技术创新"为 30 次。检索到的 4 篇生态治理和政策工具为主题的文献关键词为"政策工具选择""大气污染治理""生态治理""区域生态治理""内容分析"。这些关键词出现在生态治理和政策工具关键词列表中（篇数过少，未出现在前 50 位关键词列表中）。

表 1 - 10　　　　2010 ~ 2020 年国内政策工具研究前 50 位的关键词

序号	关键词	频次（次）	序号	关键词	频次（次）
1	政策工具	557	5	宏观审慎政策	51
2	货币政策	322	6	政策文本	49
3	货币政策工具	159	7	内容分析法	47
4	内容分析	51	8	创新政策	44

序号	关键词	频次（次）	序号	关键词	频次（次）
9	政策分析	42	30	政策变迁	23
10	产业政策	41	31	金融	23
11	中央银行	35	32	金融稳定	22
12	有效性	35	33	DSGE 模型	22
13	政策	34	34	金融机构	22
14	公共政策	32	35	美国	21
15	财政金融	30	36	宏观审慎	21
16	技术创新	30	37	通货膨胀	20
17	利率	29	38	战略性新兴产业	19
18	宏观审慎监管	29	39	存款准备金率	19
19	财政政策	28	40	环境政策	19
20	文本分析	28	41	结构性货币政策	18
21	低碳经济	28	42	中国	18
22	传导机制	27	43	var 模型	18
23	利率市场化	27	44	政策执行	17
24	金融危机	26	45	货币政策传导	17
25	创新	25	46	量化分析	17
26	政策目标	25	47	宏观审慎管理	17
27	宏观调控	24	48	政策效果	17
28	系统性风险	24	49	新常态	16
29	美联储	24	50	房地产价格	15

（4）前沿趋势。通过对 2010～2020 年前沿时区视图和突变词首次出现的年份可以看出，2013 年，"政策文本"成为突变词，突变强度达到 10.17，与之相关的研究成果明显增加。2018 年，"量化分析"成为突变词，为政策工具研究提供了新的方向（见表 1-11）。尽管当前生态治理与政策工具结合的研究较少，但随着生态治理研究成果不断增加，政策工具应用范围的不断扩大，为政策工具视角下的生态治理研究提供了可能。

表 1 - 11　　　　　　　　政策工具研究的 10 个突变词列表

序号	突变词	突变强度	首次出现时间（年份）
1	政策文本	10.17	2013
2	金融危机	9.89	2010
3	低碳经济	9.46	2010
4	通货膨胀	8.88	2011
5	文本分析	7.21	2011
6	货币政策工具	6.9	2010
7	量化分析	6.88	2018
8	新常态	6.5	2015
9	宏观审慎政策	5.31	2011
10	利率	5.27	2011

三、研究思路与方法

（一）研究思路

本书将研究视角重点集中在生态治理的政策工具方面，主要探讨政策工具与生态治理的内在逻辑、基础理论、政策工具的有效性、生态治理实践探索及政策工具绩效评价，在此基础上，借鉴国外生态治理政策工具的经验启示，提出完善我国生态治理公共政策体系、优化政策工具组合的战略构想和实施策略，从而回答生态治理政策工具有哪些，面对不同的生态治理任务，如何选择政策工具，运用新技术如何进行政策工具组合等问题，最后以典型案例对上述理论、制度、对策进行实践验证，从而形成基本理论框架—对策系统构建—实践案例验证的分析框架（见图 1 - 5）。

（二）研究方法

1. 规范研究与经验研究相结合

规范研究是基于抽象的价值判断和逻辑推理，对事物应然层面进行考量，解决"应该是什么"的问题，并以此为依据，对现实状况进行调整和改变；经验研究侧重研究事物的真实状态，以事实为依据，弄清楚事物

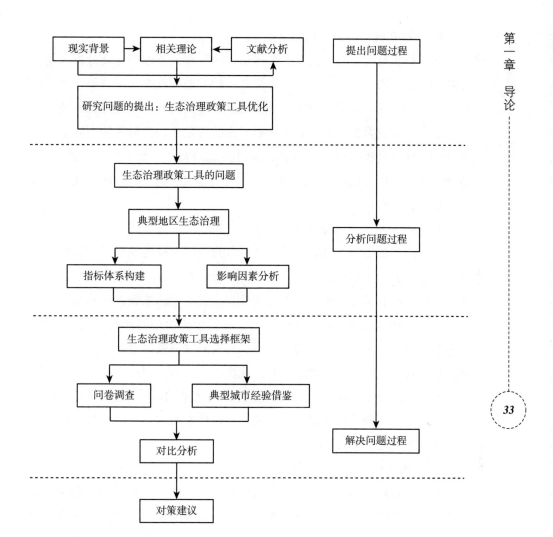

图1-5 研究框架

"实际是什么"的问题。对我国生态治理政策工具的研究，一方面需要从价值判断的层面分析当前我国的生态治理的政策工具"应该是什么"，对生态治理政策工具的核心价值、构成要素、影响因素、战略目标、工具选择等进行价值判断，尤其要对政策工具选择的内在逻辑进行理性分析，避免因缺乏战略目标与价值诉求而迷失方向；另一方面也需要从生态治理面临的现实问题等，通过实证研究明确"实际是什么"，避免出现就理论而理论的空泛，增强说服力。

2. 理论分析与实证分析相结合

理论分析对实证分析具有支撑作用，没有理论基础的实证分析只是对事物的一般归纳；而实证分析是理论分析的基础，没有实证分析，理论分析便失去了依托。本书既对生态治理与政策工具的基本理论进行研究，包括生态治理和政策工具的内涵、政策工具的特征等，也对各种不同生态环境治理的实践过程进行实证分析，通过实地调查，了解生态功能区治理、雾霾治理、大数据技术在生态治理中的运用等实际状况，体现了理论分析与实证分析的有机结合。

3. 定性分析与定量分析相结合

定性分析侧重揭示事物本质，是对事物质规定性的抽象理性思维，并揭示事物发展过程中的内在联系；定量分析侧重于对事物数量关系的变化进行考察，用数量变化揭示事物发展规律，二者互为依赖，相辅相成。本书对生态治理与政策工具的基础理论、我国生态治理的政策变迁与成就、当前生态治理政策工具选择的实践模式与未来发展策略等问题侧重定性分析，以期揭示生态治理与政策工具的逻辑起点、内在规律、战略系统。同时，对生态环境的基本状况及目前生态治理政策的有效性进行定量分析，根据目前生态治理的实际需求选择适合当前生态治理的政策工具，构建符合现实状况的政策工具体系。

4. 宏观分析与微观分析相结合

生态治理政策多数是来自国家的顶层设计，由中央政府确定全国生态治理的整体战略。但生态治理能否取得预期效果则取决于地方各级政府对生态治理政策的落实状况，具体包括职能导向、管理机制、政策执行力度、政策工具选择等，同时，也受到国际国内行政生态环境、社会环境的影响。因此，研究生态治理政策工具选择，既要从宏观的视角系统分析我国行政体制改革、社会体制改革与政策变迁的相关性，也要从地方政府推进生态治理的总体趋势与区域差异归纳提炼地方生态治理政策工具选择的典型模式，同时也要从微观的典型个案角度验证生态治理政策工具选择的战略设计与实施策略的优劣。

第二章

生态治理与政策工具的理论基础

一、生态治理与政策工具的基本理论

（一）生态治理的内涵

生态文明建设是国家治理的重要内容，而国家治理体系和治理能力现代化反过来为生态文明建设开启了全新的可能性。生态治理即是国家对生态环境的治理，是实现生态文明的必要环节。丁开杰、刘英（2006）认为，生态治理是人类生存与发展过程中维持良好生态状态的管理过程，其目标是在人类发展的基础上维持良好的生态状况或实现人与自然的和谐相处。生态治理以生态环境为对象，运用经济、政治、法律和科技等多种手段，不断改善环境质量，防止生态环境的进一步破坏。它是人类调整自身行为以实现与自然相互协调的重要标志之一。与生态治理相关的概念包括生态环境、生态文明、政府治理等。

1. 生态环境的含义

生态环境由生态和环境两个名词组合而成。生态一词源于古希腊字，意思是住所或者栖息地，通常是指生物在一定自然环境下生存和发展的状态，以及不同生物个体之间、生物与环境之间的关系。环境是相对于某个主体而言的，人类社会以自身为中心。因此，环境通常是指人类生活的外在载体或围绕着人类的外部世界。环境既包括可以直接或间接影响人类生活和发展的各种自然因素，也包括对人类的心理产生实际影响的社会因素。

虽然，学者们对于生态和环境这两个名词的含义理解较为一致，但是，对于生态环境的含义却存在不同的理解和认识。从国内看，对生态含义的理解大致分为两类：一是认为生态与环境处于并列地位，二者并不存在修饰与被修饰的关系，生态环境包括生态与环境两个相对独立领域的内容；二是认为生态修饰环境，把生态环境理解为由生态关系组成的环境。本研究更倾向于第二种观点——生态修饰环境，生态环境是指由生态因素综合而成的影响人类生存和发展的水资源、土地资源、生物资源以及气候资源数量与质量的总称。

2. 生态文明的含义

俞可平（2005）认为，生态文明是"人类在改造自然以造福自身过程中为实现人与自然的和谐所做的全部努力和所取得的全部成果，它代表着人与自然相互关系的进步状态"，生态文明不是一种已经达成的状态，而是人类在反思工业文明造成环境污染、生态破坏和生态危机的基础上形成的一种理想，其实质就在于摆正人与自然的关系。党的十八大报告指出，建设生态文明，就是要"形成节约资源和保护环境的空间格局、产业结构、生产方式、生活方式，从源头上扭转生态环境恶化趋势，为人民创造良好生产生活环境，为全球生态安全作出贡献"；党的十九大报告中指出，加快生态文明体制改革，建设美丽中国。人与自然是生命共同体，人类必须尊重自然、顺应自然、保护自然。我们要建设的现代化是人与自然和谐共生的现代化，既要创造更多物质财富和精神财富以满足人民日益增长的美好生活需要，也要提供更多优质生态产品以满足人民日益增长的优美生态环境需要。必须坚持节约优先、保护优先、自然恢复为主的方针，形成节约资源和保护环境的空间格局、产业结构、生产方式、生活方式，还自然以宁静、和谐、美丽。因此，生态文明建设就是通过宣传生态文明的理念，积极开展环境保护、生态修复，建立健全生态文明制度，减少负外部性，增加正外部性的行为。

3. 政府治理的含义

政府是指国家进行统治和社会管理的机关，是国家表示意志、发布命令和处理事务的机关，政府的概念一般有广义和狭义之分。广义的政府是指行使国家权力的所有机关，包括立法机关、行政机关和司法机关。狭义的政府是指国家权力的执行机关，即国家行政机关。本书倾向于狭义上的政府概念，将政府界定为国家对社会公共事务进行政治控制、权力执行和社会管理的行政机关。

治理在传统上是指政府凭借其独享的政治权威和公共权力，对公共事务进行统治、操纵和管控。这一过程是单一主体、自上而下的。目前，治理强调主体的多元、权力与责任的多中心以及各主体间权力的依赖。治理被定义为包括政府在内的众多社会实体，在既定的范围内运用权力维持秩序，满足公众的需要，以最大限度地增进公共利益。

治理的本质是消解政府的单一权力中心，不再仅仅依靠政府的权威或制裁。但归根到底，治理所求的终究是创造条件以便保证社会秩序和集体行动，由此维护公共利益。无论是传统意义上的治理，还是含义引申后的治理，政府都是治理最重要的主体。原因在于，政府就其本质来说是管理与行使国家主权的机关，政府治理意味着"对人们行使属于社会的权力。政府代表社会施政，从社会获取权力或力量，并促使全体社会成员履行义务并使其服从法律，因为法律是公民意志的表现"。

在国内学术界，学者们从中国的治理实践出发，主张政府治理最能体现中国社会转型期的特征。随着经济的增长，中国社会存在失序的危险性，而中国当前并不具备治理理论主张的成熟的多元管理主体和彼此间伙伴协作关系。在社会公共事务的治理行动中，我们仍需要一个强有力的政府来维护社会转型期的稳定。面对越来越复杂的环境，政府一方面必须进行自身的变革，以获取公共事务治理的合法性；另一方面，政府必须与市场、社会建立伙伴协作关系，以达到公共问题的解决。在现阶段，中国公共事务的治理只能是政府主导下的治理，不可能是社会的自治。

结合以上对相关概念的阐述，本书对政府治理做如下界定：政府治理是指在市场经济条件下，以政府为主导的众多社会实体通过协商与合作，明确彼此间的权责关系，确定目标，在既定的范围内运用一定的工具和手段，处理社会公共事务，维持社会秩序，实现社会公共利益最大化的过程。基于对政府治理的定义，我们认为政府治理具有以下特征：（1）坚持治理理论的基本理念，强调治理主体的多元化，政府、市场和社会都是政府治理的主体；（2）政府是治理规则的制定者，强调政府在治理体系中发挥主导作用；（3）强调治理主体间的合作关系，政府、市场和社会在政府治理行动中是协作伙伴关系。

（二）政策工具的定义及分类

1. 政策工具的内涵

目前，国内外学者关于政策工具的理论研究并不成熟，对于"政策工具"并没有形成统一的定义，有的学者还将政策工具称之为政府工具、治理工具。不同的学者从不同的学术研究角度对政策工具进行了定义，总结起来主要有以下四种观点。

（1）政策工具是一种手段。例如，施耐德和英格拉姆（Schneider and Ingram，1990）将政策工具定义为激励目标群体践行政策标准、遵守政府规范的政策手段。我国学者陈振明等（2009）在《政府工具导论》中提出："政府工具是政府实现其管理职能的一种手段和方法。"

（2）政策工具是一种活动。例如，胡德（Hood，1983）提出："'工具'可以是一种客体，也可以是一种活动，并对其加以区分的基础上得到更清晰的理解。"美国学者盖伊·彼得斯将工具概念描述成为："一系列的显示出相似特征的活动，其焦点是影响和治理社会过程。"

（3）政策工具是一种机制。例如，欧文·E.休斯（Owen E Hughes，2001）指出："政府工具是政府的行为方式，以及通过某种途径用以调节政府行为的机制。"我国学者张成福、党秀云（2001）提出："政策工具是政府将其实质目标转化为具体行动的路途和机制。"

（4）政策工具是一种途径。例如，莱斯特·M.萨拉蒙（2016）提出："政府工具是一种可辨认的通过集体行动致力于解决公共问题的方法或途径。"豪利特和拉米什（Howlett and Ramesh，2003）将政策工具定义为政府的治理途径，即政府影响其政策目标实现效果的具体方式。

综上所述，这四种定义政策工具的观点并非完全相斥，只是理解问题的角度不同，是对政策工具不同侧面的阐述，这几种观点彼此之间融合交集使得政策工具的定义更加完整。因此，本书综合以上学者们不同的观点，将政策工具定义为政府在解决政策问题、实现政策目标、制定与执行公共政策的过程中，所采取的手段、机制和途径。

2. 政策工具的分类

关于政策工具的分类，不同的学者在具体研究时有不同的划分标准和依据。20 世纪 60 年代的 E. S. 基尔申（E S Kirschen, 1964）最早进行了政策工具的分类研究。基尔申和他的同事将政策工具划分为 64 种，但是，这样的划分并不系统，属于一般性列举。而后，各个学者又在此基础上进行了系统的分类研究，有的学者从政策主体的角度进行划分，有的学者从政策目标的角度进行划分，有的学者从目标群体的角度进行划分。对国内外学者的已有研究进行汇总后可以了解到，各位学者的分类标准不一致，所界定的政策工具的具体类型也比较多样（见表 2 - 1）。

表 2 - 1　　　　　　　　　　政策工具分类汇总

年份	国家和学者	文献	分类标准	具体类型
1964	德国，E. S. 基尔申	《当代经济政策》	经济政策执行中最优化结果的获得	64 种政策工具（一般性列举）
1983	英国，胡德	《政府的工具》	政府决策所借助的资源	信息、权威、财力、正式组织
1987	美国，麦克唐纳和埃尔莫尔	《完成工作：可供选择的政策工具》	政策工具所要求达到的目标	命令性工具、诱导性工具、能力建设工具、系统变化工具
1988	美国，达尔和林德布罗姆	《政治、经济和福利》	政府规制性强弱	规制性工具、非规制性工具
1989	荷兰，狄龙	《政府工具研究与政府管理方式改进》	工具的作用机理	法律工具、经济工具、沟通工具
1989	美国，林德尔和盖伊·彼得斯	《公共政策工具—对公共管理工具的评价》	政府服务的内容	直接提供、财政补助、管制规定、征税、劝诫、权威、契约
1990	美国，施耐德和英格拉姆	《行为假设政策工具》	目标群体的政策接受能力	权威型工具、激励型工具、能力建设型工具、符号与规劝型工具、学习型工具
2013	美国，奥斯本和盖布勒	《改革政府：企业精神如何改革着公营部门》	不同政策工具之间的特点	传统类工具、创新类工具、先锋类工具

年份	国家和学者	文献	分类标准	具体类型
1998	美国，彼特斯和萨拉蒙	《政府工具：新治理指南》	服务生产与提供之间的区别	规制性工具、非规制性工具、开支性工具、非开支性工具
1998	澳大利亚，欧文·E.休斯	《公共管理导论》	政府干预经济的手段	供应、补贴、生产、管制
2002	中国，顾建光	《现代公共管理学》	工具的使用方式	管制类工具、激励类工具、信息传递类工具
2003	加拿大，豪利特和拉米什	《政策研究：政策循环与政策子系统》	政府介入公共物品与服务的程度	强制性工具、自愿性工具、混合性工具
2009	中国，陈振明等	《政策工具导论》	政策手段的内容	工商管理技术、市场化工具、社会化手段

资料来源：根据政策工具的相关文献整理所得。

事实上，不管何种分类标准，划分的几种具体的政策工具都难以做到完全互斥，只是相对的更加完善和系统。而大多数政策都是由政府提出和实行的，因此，各种各样的政策工具都在一定程度上体现出了政府介入公共问题的方式和程度。

（三）环境政策工具的内涵

1. 环境政策工具的概念

当代公共政策领域将政策工具界定为"实现政策目标或结果的手段"。因此，环境政策工具可理解为政府部门实现一定时期内的环境治理目标而采取的具体环境机制、措施和手段的总和。随着环境政策的实施愈来愈受到社会公众与政府的重视，我国环境政策工具的选择与应用也逐渐引起了学者的关注（见图2-1）。

自2006年起，关于环境政策工具的学术关注度呈明显的递增趋势，于2016年达到关注热度峰值。环境政策工具是环境政策体系中非常重要的有机组成部分，同时也对环境政策目标的实现有着决定性的影响。生态环境是一种公共物品，市场机制往往会产生市场失灵等问题，而生产者或消费

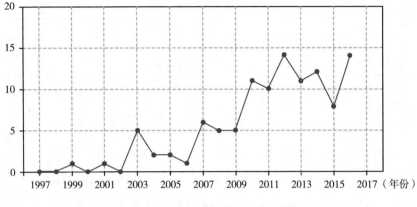

图 2 - 1 1997 ~ 2016 年环境政策工具学术关注度

资料来源：中国知网学术趋势搜索。

者的经济活动往往会在获得既得利益的同时将污染成本转嫁给社会，危害其他人的利益和健康，因此，环境治理手段一般不能或不能有效地通过市场机制由企业和个人来提供，需要由政府采取有效手段来避免环境污染的外部效应。环境政策工具作为政府针对特定环境和资源状况所采用的具体措施，它具有多样性，同时也有特定的适用范围。它的本质是一种手段，而不是目的，作为连接环境政策目标和结果的桥梁，对环境治理目标的实现、治理效果的体现都有着决定性的作用。

2. 环境政策工具的分类标准及种类

环境政策工具的分类是指运用既定的标准，对较为抽象、综合的环境政策工具做出的详细划分，而产生的关于环境政策工具的分类标准也为学者们进一步探究环境政策工具的选择奠定下了良好的研究基础。环境政策工具在分类上往往差别不大。目前，国内外大部分学者均倾向于从环境政策发挥作用的主体性角度和各种政策工具的强弱性特征来划分环境政策工具，主要对环境政策工具采取二分法或者三分法。二分法即将环境政策工具划分为命令控制型和市场化工具型，三分法是将环境政策工具分为命令控制型、市场激励型和公众参与型三大类型。同时，随着对环境政策工具研究的深入，世界银行又公布了"运用环境规章""创建市场""运用市场""动员公众"的四种类型划分，后来有学者又细分了四分法、五分法等，具体如表 2 - 2 所示。

表 2 - 2 　　　　　　　　　　环境政策工具分类方法

分类方式	环境政策工具类型			
二分法	命令控制型	市场化工具型		
三分法	命令控制型	市场激励型	公众参与型	
世界银行	运用环境规章	创建市场	运用市场	动员公众
四分法	管控型	市场化工具型	信息工具型	规劝工具型
五分法	法律手段	行政手段	经济手段	技术手段	宣传教育

我国自改革开放以来，环境政策工具由 20 世纪 70 年代末以单一的直接管制型环境政策工具逐步转变为 20 世纪 90 年代以来直接管制、市场经济型手段和公众参与手段相结合的环境政策工具，环境政策工具经历了单一走向复合多样的过程。尽管，随着新时代的到来，有学者又提出了信息工具作为新的环境政策工具，但是，这与本书所要研究的大数据有本质的不同。信息工具主要体现在环境信息公开、对公众诉求受理、答复等浅层的政府与公民交互信息方面，范围较为狭窄，同时也具有很大的局限性。而大数据所得到的数据真实、原始，不经过任何加工，是其他政策工具选择的元工具。因此，本书不单独将环境政策工具细分为信息类工具，而是按照国内外最常见的环境政策工具三分法将政策工具划分为：命令控制型、市场激励型和公众参与型。

（1）命令控制型环境政策工具。政府通过行政命令及法律法规和直接行动的方式对社会成员的环境行为施加影响，以实现既定环境政策目标的措施称为命令控制型环境政策工具。这一环境政策工具的动力主要源于政府的强制力，政府主导性最强，有较强的执行力和针对性。命令型环境政策工具主要是通过建立环保法律体系、限制排放标准和生产技术来实现政策目标，主要作用点在产品的生产过程和使用过程中。命令控制型环境政策工具包括所有的直接管制措施，如各种标准、许可证、配额、使用限制等。我国早期传统的环境治理方式就是命令控制型，这种政府垄断治理的单一模式也存在着不少缺陷，如政府资金的短缺、权力寻租、缺乏竞争的官僚制体系所带来的困境，这都是环境治理效率低下的原因。

（2）市场激励型环境政策工具。市场激励型环境政策工具是以一定的经济规律为依据，运用经济杠杆调控利益相关者行为的手段和措施。由于市场激励型环境政策工具是以市场为基础，因此，有典型的利益激励来驱动，政府借助经济手段可以使被规制者从环境治理过程中和污染防治行为中获得一定的经济利益，有利于排污的大中型企业进行技术革新，寻求污染程度较低的废物排放，主动选择对环境治理更有利的市场行为，生产者可以理性权衡生产成本和环境污染成本，然后做出选择，最终降低成本。市场激励型环境政策工具主要的经济激励工具有：征收排污费、排污权交易、环境税费、补贴等。尽管这一系列市场激励手段降低了政府的成本，是较为经济、有效的环境政策工具，但也存在外部环境即市场竞争程度不够、标准制定不科学等缺陷。

（3）公众参与型环境政策工具。公众参与型环境政策工具是政府通过公民参与、道德说教、信息舆论等非强制性手段，使当事人采取改善环境质量的自愿性行动，进而实现环境治理的目标。公众参与型环境政策工具作为一种新兴不久的环境政策工具，在我国还属于初步发展阶段。公众参与型环境政策工具也称自愿型环境政策工具，最大的特点就是公民自愿性。首先管理主体由强制性的政府转变为公民自身，由以前的被管理变成了自我主动管理，但要想使公众参与型政策工具发挥有效的作用，需要建立好政府同公众之间沟通、信任的基本桥梁，同时需要新闻媒体的大力宣传教育来提高公民自身的素质，由此可以减轻政府的压力，同时也减少了政府的监督成本。公众的参与力量是强大的，这种自发式的环境治理参与能力一旦被调动起来不可小觑。公众参与型环境政策工具的类型也是多种多样的，主要有谈判协议，教育、宣传与培训，环境标志认证等。公众参与型环境政策工具由于在我国发展时间不长，因此，它目前的应用地位还远不如命令控制型环境政策工具、市场激励型环境政策工具，公民、企业的主动意愿不强，政府的引导也远远不够。

二、生态治理与政策工具研究的相关理论

（一）公共政策工具理论

公共政策工具理论研究的是政府在解决社会问题、达到政策目标、实现政府治理过程中所采取的手段和方式，最早在 20 世纪 60 年代开始了关于这一理论的初步研究，但是，在 20 世纪 80 年代时理论研究成果才逐渐

成熟。胡德（Hood，1983）在 1983 年时发表了著作《政策工具》，这一著作极具影响力，开启了社会科学领域关于政策工具理论的系统研究。而后，基于政策制定与执行过程中的现实需要，政策工具的理论研究越来越得到政治及意识形态方面的支持，现在关于这一理论的研究渐趋完善。政策工具是政府实现社会治理的手段和途径，注重在政府、市场与社会等多种主体互动的背景下，通过比较分析选择适当的工具来实现政策目标。政策工具在公共政策目标与结果之间起到桥梁作用，进行公共政策工具的理论研究能够更好地将政策问题落实到具体操作和政策执行层面。本书依据这一理论对雾霾治理问题进行研究，依据政府介入这一公共问题的程度，将政策工具分为管制型、市场型、信息型和自愿型四类，并选择黑龙江省作为案例研究对象，根据黑龙江省雾霾治理过程中政府所制定的具体政策，具体分析了雾霾治理过程中政策工具的使用情况。

公共政策工具是政府进行治理的手段和途径，是连接政策目标和政策结果之间的桥梁。在执行政策时，选择哪一种政策工具，对政府能否达成既定目标有决定性影响。近几年，关于公共政策工具的研究开始盛行，主要是因为公共政策工具是现代社会治理下理论和实践的产物，是公共政策执行的现实需要。而公共政策工具研究的重点应集中在评价政策工具效力上，例如哪些主体参与了工具的应用过程，这些主体对各个过程的影响程度，以及各个参与者之间的协调与合作问题。

公共政策工具的选择不是一成不变的，公共政策工具的类型、工具组合形式等均具有动态性。社会不断发展变化，公共事务在不同的历史时期呈现不同特点，因此，公共政策工具必须经过不断调整来满足社会发展、政策环境的需要，我们还需对公共政策工具的多样性和动态性做进一步深入研究。尽管古典研究途径的支持者们提倡用一种纯化的、单一的政策工具进行应用实践，他们主张独立地研究各项政策工具的应用。但问题是在现实中，我们要对各种政策工具做出绝对明确的区分是不可能的，公共政策工具多数情况下需要进行组合才能发挥作用。针对一些复杂的社会问题，工具的组合、协调使用往往能够取长补短，规避单一运用政策工具的风险和片面性。本书将利用公共政策工具的动态和协调特性，以河北省作为案例分析对象，针对河北省现存的环境政策工具使用状况做进一步详述，并提出相应的措施建议。

（二）公共物品理论

公共物品理论是公共部门经济学中的一项基本理论。最早系统研究公共物品理论的学者是保罗·萨缪尔森（Paul Samuelson，1954），他提出公共物品有这样的特性：每个人对于公共物品的消费不会导致其他人对于此物品消费的减少。而后，理查德·阿贝尔·马斯格雷夫（Richard Abel Musgrave，1959）又在此基础上进行了完善，他提出对于公共物品的消费很难将某一个人排除在受益群体之外，或者排除的成本非常高。由此公共物品的两大基本特性也就形成了：非竞争性和非排他性。而市场机制在公共物品的自由提供与分配中存在失灵的问题，就必须要政府介入进行干预，设定合理的产权制度，实行统一定价和价格补贴，减少外部性的影响。本书通过公共物品理论来研究政府在雾霾治理过程中的环境责任。在环境公共物品的使用过程中，若没有完善的组织管理和监督机制，产权界定不清晰，就容易导致环境污染外部性，造成政府及市场失灵。因此，必须建立有效的运行规则来保证环境公共物品的使用。

（三）多中心治理理论

关于治理，最早可以追溯到古希腊时期的亚里士多德，他提出通过建立最优良的政体以追求城邦治理的至善。1989年，世界银行首次提出现代治理的概念。罗西瑙（Rosenau，2001）在《没有政府的治理》中系统地论述了现代治理理论。皮埃尔和皮斯特（Pierre J and Peters，2000）以"伙伴关系"的观点重新描述了国家与社会的关系，指出国家的权威是由社会建构的，"国家对于权威的主张必须表现在它能够适应处理问题的能力，新的治理形式是对关于社会变迁管理的回应，因此，应该逐渐塑造一种朝向镶嵌的社会自主性，让社会本身逐渐能发展出广泛而且不同的网络连接关系"。治理的本质是指实现公共权力从政府向社区的回归，是一个还政于社会的过程。因此，社会治理的主体范围已经扩大至政府机制与非政府机制。现有治理理论都强调了社会治理是包括政党、政府、各种社会组织、公民大众在内的所有社会治理主体的多元参与式治理。

多中心治理理论是由美国制度分析学派的代表埃莉诺·奥斯特罗姆（Elinor Ostrom，2000）提出的。20 世纪 90 年代，西方公民社会不断得到发展，社会力量逐渐壮大，他们对于公共事务管理的影响越来越大，政府、市场、社会三者之间在公共事务处理的关系和地位上逐渐改变。在此背景下埃莉诺·奥斯特罗姆提出，对于公共事务的管理，政府不应当是唯一的主体，政府派生组织、社会自治组织、公民、私人机构等都应当成为决策中心。多元公共事务的治理主体依据一定的规则共同行使主体权力，形成多中心的治理体制。而我国社会的发展趋势越来越表现出明显的民主化和市场化的趋势状态，对于生态治理这一公共问题，其产生原因复杂，涉及主体庞杂，更需要借助政府、市场、企业、公民多个主体的力量，弱化全能政府的色彩，真正地实现"善治"。

（四）环境资源公共信托理论

公共信托理论是指政府接受社会公众的委托，作为受托人义务保障委托人对于某些公共财产所享有的合法权益。20 世纪末美国出现了自然资源危机，为解决这一问题，约瑟夫·L. 萨克斯（Joseph L Sax，1970）进行了深度学术理论研究，他将公共信托理论引入环境资源保护研究中，并且这一理论逐渐被广泛接受。他提出，环境资源作为社会共有财产的属性已经被认可，政府应当接受社会公众的委托，保障公众作为这些环境资源的法律主体地位和应享有的受益权。环境资源公共信托理论赋予了公民合法的环境权地位，直接将自然环境资源的所有权归属进行了定义。国家只是自然资源的受托管理者，全体人民才是实际的所有者。公共信托理论明确定义了政府和公民在环境资源保护中的角色，并且进一步为社会公众确定环境公益诉讼制度提供了合法性依据，社会公众可以借助司法途径依法监督法律制度的实施。

（五）制度理性选择理论

"理性选择理论"所讲的"理性"就是解释个人有目的的行动与其所可能达到的结果之间的联系的工具性理性。一般认为，理性选择范式的基本理论假设包括：第一，个人是自身最大利益的追求者；第二，在特定情境中有不同的行为策略可供选择；第三，人在理智上相信不同的选择会导致不同的结果；第四，人在主观上对不同的选择结果有不同的偏好排列。理性选择理论简单概括为理性人目标最优化或效用最大化，即理性行动者趋向于采取最优策略，以最小代价取得最大收益。

在环境治理领域中，要想使环境政策工具的选择应用效率达到最优，也需要考虑其实施的经济成本，同时要权衡各方的利益驱动力，考虑不同环境下复杂的特定情境，以及各个利益主体主观上不同的偏好影响等，因此，环境政策工具选择的过程也是一个理性选择的过程。本书提出的基于大数据的环境政策工具选择路径中，理性选择理论将贯穿整个过程，无论是对于环境资料的全面、多渠道掌握，还是影响环境政策工具选择的各方因素、偏好，主观客观相结合、定性定量相结合的综合衡量指标，都无一不在努力地实现"理性选择"。

三、中国生态治理的历程与成就

新中国成立以来，我国生态治理经历了先污染后治理的过程。新中国成立初期由于人们对环境保护的认识不够，导致生态环境的破坏和环境污染日益严重。随着经济发展和工业化的加速推进，我国的环境问题逐渐积累显现，引起党和政府的高度重视，及时确立了环境保护的基本国策，建立并不断完善生态环境保护政策，制度体系、环境保护意识不断增强，环境法制建设不断完善，走出了一条生态文明建设的中国特色道路。

（一）生态治理的历史进程

1. 环境治理起步阶段

新中国成立之初，我国的工业基础十分薄弱，再加上人口总量不大，当时对于环境保护工作的认识还仅限于搞好生产和生活环境，以改善城乡卫生面貌为主要内容的爱国卫生运动，这种状况一直持续到20世纪50年代中期。由于生产规模有限，经济建设与环境保护之间的矛盾尚不突出，从全国的总体情况来看，环境问题主要表现为局部性的生态破坏和环境污染，此时，真正意义上的环境保护问题还未提出，因而更谈不上制定与此相关的法律法规了。随着我国社会主义建设的推进，尤其是在"大跃进"时期，在全国大炼钢铁和国家集中力量大办重型工业后，全国的环境污染和生态破坏的现象开始加剧。1962 年，国家实行"调整、巩固、充实、提高"八字方针通过对国民经济的调整，在一定程度上减轻了新型工业，尤其是重工业，对环境的压力、工业污染问题得到了一定的控制。但是，由于对环境保护工作缺乏必要的认识，恢复已经遭到破坏的生态环境的工作未能引起足够的重视，大量砍伐的林木未能及时补植，许多被破坏的地貌植被更是没有进行有计划的恢复工作，这种完全依赖自然修复的恢复方式，使得生态环境的复原速度极为缓慢。

我国的环境保护工作始于 20 世纪 70 年代。从新中国成立初期到 20 世纪 70 年代，在局部地区及一些企业中，还是有一些环境保护的措施出台并实施，如在改善城市环境方面，北方城市在有条件的地区采用集中供暖的措施，60 年代北京为解决煤炭紧缺问题，提出了节约用煤、不降室温的口号。以把煤烧尽不留任何未烧尽颗粒为原则，对供暖锅炉进行了改造，此举不仅节约了大量煤炭，而且大大降低了粉尘排放量。此外，为解决工业排放问题，在 60 年代，工业部门提出了"变废为宝"口号，在工厂间、车间之间加强协作，实现工业废物的再利用，如北京炼焦厂将用于净化回收气体的水通过化学和生物处理进行再利用，不仅除去了废水中含有的有毒有害物质，同时还提炼出新的工业原料。

1973 年，国务院召开第一次全国环境保护会议，以国务院行政法规的形式审议通过了《关于保护和改善环境的若干规定》。这源于中国代表团在 1972 年出席联合国第一次人类环境会议时，了解到环境法治被西方发达国家高度重视并发挥了重大作用。20 世纪 60 年代末，西方发达国家的环境公害事件不断发生，一些国家的媒体开始报道公害事件的真相，这些报道引起了国际社会的广泛关注。1968 年，根据瑞典的建议，第 23 届联合国大会通过决议，决定于 1972 年召开人类环境会议及联合国第一次环境会议。1972 年 2 月，联合国秘书长致函邀请中国参加。

"文化大革命"开始后，环境污染和生态破坏的趋势进一步加剧，一方面，由于在经济建设中强调数量而忽视质量，片面追求产值，不注意社会和生态效益，尤其是各地五小工业的发展，在取得一定的经济效益的同时，也导致了资源浪费和环境污染。一些消费型城市由于执行了变消费型城市为生产型城市的方针，加剧了这些城市业已存在的工业污染。另一方面，随着全国人口数量的快速增长，粮食问题已逐渐凸显出来。为了解决吃饭问题，进一步强调以粮为纲，甚至在一些不宜种粮的地区也开始种植，要求开荒种粮，毁林毁草现象加剧，围湖围海造田等问题开始突出，因而，引发了严重的水土流失，生态环境更加恶化。

2. 环境治理的回暖阶段

1978年，全国人大五届一次会议通过了《中华人民共和国宪法》，首次将"国家保护环境和自然资源，防治污染和其他公害"写入宪法。1979年9月，第五届全国人大常委会第十一次会议原则通过《中华人民共和国环境保护法（试行）》，标志着中国特色环境保护法律体系开始建立。

1982年的《中华人民共和国宪法》明确规定，"国家保护和改善生活环境和生态环境，防治污染和其他公害"。进一步强化了国家保护环境的宪法基础。1983年，召开第二次全国环境保护会议，正式把环境保护确定为我国的一项基本国策。1989年12月，第七届全国人大常委会第十一次会议通过了《中华人民共和国环境保护法》，标志着我国环境法制建设走向成熟。

3. 环境治理的完善阶段

1996年8月3日颁布《国务院关于环境保护若干问题的决定》。文件就实行环境质量行政领导负责制、认真解决区域环境问题、坚决控制新污染、加快治理老污染、禁止转嫁废物污染、维护生态平衡，保护和合理开发自然资源、切实增加环境保护投入、严格环保执法，强化环境监督管理、积极开展环境科学研究，大力发展环境保护产业、加强宣传教育，提高全民环境意识等问题做出了具体规定。"十一五"期间为深入贯彻科学发展观，国家提出要建设资源节约型、环境友好型社会。党的十六大提出要加强环境保护和实施可持续发展战略，并把推动整个社会走上生产发展、生活富裕、生态良好的文明发展道路作为全面建设小康社会的重要奋斗目标之一。党的十七大进一步提出建设生态文明，形成节约能源，资源和保护生态环境的产业结构、增长方式、消费模式。顺应这一趋势，学术界则提出了"生态型政府"这一富有生命力的新的学术概念。

党的十七大报告中首次提出"生态文明"的概念，并将"生态环境保护"列入"促进国民经济又好又快发展"的宏观调控体系，党的十八大则再次重申"生态文明"，并将"生态文明建设"列入我国经济社会发展"五位一体"的总体布局。党的十九大提出要加快生态文明体制改革，并把建设美丽中国作为建设社会主义现代化强国的重要目标。

4. 生态治理成熟阶段

党的十八大以来，以习近平同志为核心的党中央创造性地把生态文明建设纳入"五位一体"总体布局和"四个全面"战略布局，开展了一系列根本性、开创性、长远性工作，推动生态环境保护发生历史性、转折性、全局性变化，生态文明建设取得显著成效，美丽中国建设迈出重要步伐。

党的十八大以来，《关于加快推进生态文明建设的意见》和《生态文明体制改革总体方案》相继出台，40 多项涉及生态文明建设的改革方案制定落实，《大气污染防治行动计划》、《水污染防治行动计划》和《土壤污染防治行动计划》颁布实施，《中华人民共和国环境保护法》修订实行，开启了生态文明建设新篇章。

党的十八大以来，中国为改善生态环境、化解生态危机付出的持之以恒的努力，创造着一个个绿色奇迹，实现了山川大地由黄变绿的历史性转变，使中华大地的绿色版图不断扩大。中国用一系列积极有效的实践为发展中国家实现经济发展、环境保护、民众健康相协调的"三赢"模式交了一份满意的答卷，赢得了国际社会越来越多的认可。2016 年，联合国发布《绿水青山就是金山银山：中国生态文明战略与行动》报告，高度认同中国生态文明建设的实践与成效。西方社会绿色 GDP 之父小约翰·柯布认为："中国在生态文明建设的道路上不断取得进步，给全球生态文明建设带来了希望之光。"洛塞泰斯评价道："中国积极有效地推进绿色城市理念，付出巨大努力来改善环境、保护自然，这对全世界具有示范作用。"毋庸讳言，我国在生态文明建设方面依然面临诸多困难和挑战，但生态文明建设的中国实践、中国样本，为应对全球生态问题、化解全球生态危机提供了新范例、新参照，提升了美丽中国新境界。

党的十八大以来，中国生态文明顶层设计和制度体系建设不断加强，"蓝天保卫战""碧水保卫战""净土保卫战"不断推进，绿色发展成就斐然。作为世界上最大发展中国家，中国积极倡导建立国际环境新秩序，深度参与全球环境治理，推动建立公平合理的生态气候治理体系，加大对发展中国家技术援助和资金支持，将生态环境保护与帮助减贫加快发展相结合，形成世界环境保护和可持续发展的解决方案，一系列生态国际合作举措成效卓著，彰显了负责任有担当的大国形象。推进全球环境治理有两个标志性行动，即签署气候变化《巴黎协定》和平衡推进 2030 年可持续发展议程。

2015 年底，习近平总书记在气候变化巴黎大会上指出："对气候变化等全球性问题，如果抱着功利主义的思维，希望多占点便宜、少承担点责任，最终将是损人不利己。"中国倡议二十国集团发表了首份气候变化问题主席声明，率先签署了《巴黎协定》，这是全球气候治理史上的里程碑，时任联合国秘书长潘基文认为，中国对《巴黎协定》的达成起了重要作用。中国不仅为应对全球气候变化做出"国家自主贡献"，而且在生态领域与其他国家积极开展交流合作，宣布拿出 200 亿元建立"中国气候变化南南合作基金"，支持其他发展中国家应对气候变化；2016 年，习近平总书记在二十国集团工商峰会上倡议，"共同构建绿色低碳的全球能源治理格局"，中国向联合国交存气候变化《巴黎协定》批准文书，呼吁西方发达国家承担对等的生态环境治理责任；2017 年，习近平总书记在联合国日内瓦总部演讲重申："中国将继续采取行动应对气候变化，百分之百承担自己的义务。"

我国率先发布《中国落实 2030 年可持续发展议程国别方案》。习近平总书记郑重承诺，中国"将于 2030 年左右使二氧化碳排放达到峰值并争取尽早实现，2030 年单位国内生产总值二氧化碳排放比 2005 年下降 60%~65%，非化石能源占一次能源消费比重达到 20% 左右"。"大气十条"紧锣密鼓出台，意味着中国以坚毅和果决的姿态向污染宣战，采取有力措施推动节能减排，是全球第一个大规模开展 PM2.5 治理的发展中国家、是全球对臭氧层保护贡献最大的国家，中国已是世界新能源利用第一大国、世界可再生能源第一大国。有关人士指出，"中国推动绿色发展革命，其历史意义将不亚于工业革命"。此外，中国把积极推动"一带一路"国际合作与落实 2030 年议程深度对接，推动建立"一带一路"绿色发展国际联盟，推动全球能源转型和世界绿色经济发展。从高铁到智能电网，从先进核电技术到煤炭清洁化利用，从"油改电"的科伦坡集装箱码头到光伏板下长草种瓜的巴基斯坦太阳能电站等，中国的绿色发展理念日益深入人心，绿色发展之路行稳致远，低碳发展、绿色发展日渐成为全球共识和国际潮流。我国深度参与全球环境治理，推动国际社会携手同行，积极履行作为国际大国的生态义务，已批准加入50多项与生态环境有关的多边公约和议定书，形成具有法律约束力和道德规范力的、能够推进全球环境治理的体制机制。中国用一系列绿色承诺、实际行动为全球环境治理贡献中国智慧、中国方案，注入了中国活力。2013年，联合国通过了推广中国生态文明理念的决定草案，时任联合国环境署主任埃里克·索尔海姆评价道："中国的生态文明建设理念和经验，正为全世界可持续发展提供重要借鉴，贡献中国的解决方案。"中国走出了一条不靠污染输出、污染转移而靠自身实实在在加强生态文明建设的绿色发展新路。蕴涵中国智慧的治理方案不同于西方的生态治理之路，中国生态文明的理论与实践得到了越来越多的国际认同和支持，增强了在全球环境治理体系中的话语权和影响力，标志着中国一改过去跟随者、学习者、参与者的角色，迅速成长为贡献者、引领者、举旗者，彰显了大国担当新形象。

（二）中国生态治理的成就

新中国成立以来，环境保护和生态文明建设取得了突出成绩和长足进步，环境意识不断增强。随着环境保护理念的深化，国家不断加大自然生态系统和环境保护力度，开展水土流失综合治理，加大荒漠化治理力度，扩大森林湖泊湿地面积，加强自然保护区保护，实施重大生态修复工程，逐步健全主体功能区制度，推进生态保护红线工作，生态保护和建设不断取得新成效，生态状况显著改善。生态文明建设成就绿水青山。

党的十八大以来，我国生态环境保护取得历史性进展。党中央国务院部署实施大气、水、土壤污染防治三大行动计划，坚决向污染宣战。2018年召开全国生态环境保护大会，部署污染防治攻坚战，全面打响三大保卫战、七大标志性战役，全面加强生态环境保护。大力推进供给侧结构性改革，加强产业结构、能源结构、运输结构、农业结构优化调整，加大化解钢铁、煤炭等过剩产能和淘汰落后产能，建成全球最大规模的清洁煤电供应体系。开展饮用水水源地环保执法专项行动，加大黑臭水体整治，建成世界上最大规模的城镇污水处理系统。开展土壤污染状况详查，防范土壤污染风险，累计开展近 15.7 万个村庄农村环境综合整治。坚决禁止洋垃圾入境。全国生态环境质量得到明显改善，改善速度之快前所未有，人民群众的获得感、幸福感、安全感明显提升，也得到国际社会高度认可。河北省塞罕坝林场、浙江省"千村示范、万村整治"工程获得联合国"地球卫士奖"，中国空气治理被联合国评价为"北京成为全球城市空气质量改善最为成功的案例"。

生态文明制度体系建设是中国特色社会主义制度建设的重大创新。我国大力推进生态文明体制改革与生态环境制度建设，基本形成了生态文明制度体系。一是自然资源资产产权、国土开发保护、空间规划体系、资源总量管理和节约、资源有偿使用和补偿、环境治理体系、市场体系、绩效考核和责任追究等一批具有标志性、基础性的改革举措陆续推出，"四梁八柱"制度体系加快完善。二是管理机构不断优化调整，形成更加强有力的政策制度制定与执行载体，组建生态环境部门，统一行使生态和城乡各类污染排放监管与行政执法职责，加强政策规划标准制定、监测评估、监督执法、督察问责"四个统一"。在解决区域性、流域性、跨部门等问题上，不断优化机构设置，设立京津冀及周边地区大气环境管理局，成立七大流域（海域）生态环境监督管理局，在解决长期以来区域、流域、海域生态环境监管职责交叉、多头管理问题上实现新的突破。三是强化生态环境法治建设，积极推进生态环境执法改革，组建生态环境保护综合执法队伍，强化生态环境监管职责。四是生态文明建设目标评价考核、生态环境损害责任追究、生态环境监测数据质量管理、排污许可、河（湖）长制、环境保护税等制度政策深入推进，全面提升生态文明建设和生态环境保护水平等。我国党委领导、政府主导、企业主体、公众参与的环境治理体系不断完善，推动我国生态文明建设和生态环境保护从认识到实践发生重大变化，也为开启社会主义现代化建设新征程，建设美丽中国奠定了良好的制度基础。

习近平生态文明思想是生态文明制度建设的根本遵循。沿着历史的时间轴，我们从"绿水青山就是金山银山"这一论断，可以看到我国生态文明建设发展的清晰路径。从最初含义来看，随着生态文明建设深入推进，习近平总书记进一步拓展了"两山论"的丰富内涵。习近平生态文明思想是习近平新时代中国特色社会主义思想的重要内容，是马克思主义中国化的生动实践和理论创新，是坚持和完善生态文明制度体系的根本遵循。习近平生态文明思想既是认识人类社会发展规律、认识自然与环境的世界观、价值观，也是开展制度建设的系统观、方法论。

中国特色社会主义制度是我国生态环境保护取得历史性进展的制度保障。生态文明建设和生态环境保护取得历史性成就，关键还是得益于涵盖在中国特色社会主义制度之内的生态文明制度体系完善与发展。这些制度包括全面加强党的领导，要求各级党委坚决扛起生态文明建设和生态环境保护的政治责任，严格落实党政同责、一岗双责。坚持以人民为中心，把解决突出生态环境问题作为民生优先领域，坚持生态惠民、生态利民、执政为民，重点解决损害群众健康的突出环境问题，不断满足人民日益增长的优美生态环境需要。坚持"绿水青山就是金山银山"理念，强调保护生态环境就是保护生产力、改善生态环境就是发展生产力，坚持高水平保护与高质量发展协同推进。坚持全国一盘棋，集中力量办大事，坚决向污染宣战，坚决打好污染防治攻坚战。坚持与时俱进，改革创新，相继出台加快生态文明建设的意见、生态文明体制改革总体方案、生态文明建设目标评价考核办法、党政领导干部生态环境损害责任追究办法等系列改革举措，基本形成生态文明制度体系的"四梁八柱"。

党的十九届四中全会强调从十三个方面坚持和完善中国特色社会主义制度、推进国家治理体系与治理能力现代化，包括"坚持和完善生态文明制度体系，促进人与自然和谐共生"。我国生态文明制度体系进一步健全、治理能力显著提升，为探索中国特色社会主义道路、完善社会主义理论与制度体系进行了重要创新、取得了重要成果。

在制度建设方面，我国先后制定了《中华人民共和国环境保护法》《中华人民共和国海洋环境保护法》《中华人民共和国水污染防治法》《中华人民共和国大气污染防治法》《中华人民共和国环境影响评价法》《中华人民共和国固体废物污染环境防治法》《中华人民共和国循环经济促进法》《中华人民共和国清洁生产促进法》《中华人民共和国可再生能源法》等环境保护方面的法律 30 余部；《中华人民共和国排污费征收使用管理条例》《防止船舶污染海域管理条例》《中华人民共和国海洋倾废管理条例》《中华人民共和国自然保护区条例》《建设项目环境保护管理条例》《中华人民共和国陆生野生动物保护条例》等行政法规 90 余部及一大批环境保护地方性法规。

各项重大环保制度依法建立，环境立法速度居各部门法之首。环境法律法规的制定还为中国特色社会主义法律体系的形成提供了十分重要的经验。此外，我国还制定了国家环境标准近 1500 项。环境标准和技术性规范的要求越来越严格，弥补了传统环境管制手段的不足，其实施是强化环境管理的有力措施。

我国在环境行政执法上，逐步形成环保部门统一监督管理、有关部门分工负责的环境管理体制，环保部门逐步集中了大部分环境污染防治的执法权限。在环保部门内部，执法权限也经历了一个从分散到相对集中的发展演变过程。在这个过程中，环保部门不断强化行政执法能力建设，通过开展各项执法活动，惩治了一大批环境违法行为，为减轻环境污染发挥了十分重要的作用。

污染防治强力推进，治理成效日益彰显。新中国成立以来，我国污染防治意识逐步加强，特别是进入 21 世纪以来，陆续制定并出台了一系列促进主要污染物减排的制度政策和措施，环境污染防治力度不断加大，防治成效日益显现，大气、水、土壤等环境质量恶化趋势得到有效遏制和明显改善。具体成效表现为以下六个方面。①

一是环境污染治理投资大幅提升。20 世纪 80 年代初期全国环境污染治理投资每年为 25 亿～30 亿元。2017 年，我国环境污染治理投资总额为 9539 亿元，比 2001 年增长 7.2 倍，年均增长 14%。

二是森林覆盖率不断提高。第 8 次全国森林资源清查（2009～2013 年）结果显示，全国森林面积 2.1 亿公顷，森林覆盖率 21.6%，森林蓄积 151.4 亿立方米。

① 国家统计局能源司. 环境保护效果持续显现 生态文明建设日益加强 [N]. 中国信息报，2019－07－19.

三是自然保护区迅速增加。2017 年，全国自然保护区达 2750 个，比 2000 年增加 1523 个。2017 年，自然保护区面积为 14717 万公顷，比 2000 年增加 49.9%。

四是主要污染物减排效果不断显现。"十三五"规划纲要继续将化学需氧量、氨氮、二氧化硫、氮氧化物 4 种主要污染物排放总量下降列为约束性指标，2018 年，全国化学需氧量、氨氮、二氧化硫和氮氧化物排放量分别比 2017 年下降 3.1%、2.7%、6.7% 和 4.9%，均完成 2017 年排放总量降低目标。

五是全国空气质量逐年提高。2018 年，全国 338 个地级及以上城市中有 121 个城市环境空气质量达标，占 35.8%，比 2015 年提高 14.2%。

六是土壤污染防治措施大力实施，全面禁止洋垃圾入境。2018 年，全国固体废物进口总量 2263 万吨，较上年减少 46.5%。严厉打击固体废物及危险废物非法转移和倾倒行为。推进生活垃圾焚烧处理，设施建设和垃圾焚烧发电行业达标排放。

第三章

生态功能区的财政政策工具

改革开放 40 多年来，我国经济发展迅速，GDP 从改革开放之初 1978 年的 3645.2 亿元，增长至 2020 年的 1015986 亿元，增长了 200 多倍。[①] 但是，粗放式的经济增长方式伴随着高消耗、高废弃，是以我国的自然资源和生态环境状况不断恶化为代价的。大量资源、能源的耗用破坏了资源的自然存在形式，各种污染物的排放超过了地球生态系统的承载与自净能力，造成了生态资源过度消耗、生态系统失衡、生态功能退化等生态环境问题。

2000 年，国务院颁布了《全国生态环境保护纲要》，明确了生态保护的指导思想、目标和任务，要开展全国生态功能区划工作，为经济社会持续、健康发展和环境保护提供科学支持。2004 年，胡锦涛强调指出："开展全国生态区划和规划工作，增强各类生态系统对经济社会发展的服务功能。"[②] 2005 年，国务院《关于落实科学发展观 加强环境保护的决定》再次要求"抓紧编制全国生态功能区划"。国家"十一五"规划纲要明确要求对 22 个重要生态功能区实行优先保护，适度开发。

党的十九大报告指出，加快生态文明体制改革，建设美丽中国。建设美丽中国，需要增强国家重点生态功能区的生态产品生产能力。国家重点生态功能区，是指生态系统十分重要、关系全国或较大范围区域的生态安全区域；是指生态系统有所退化，需要在国土空间开发中限制进行大规模

---

① 全国年度统计公报（2020 年、1987 年）。
② 江苏省重要生态功能保护区区域规划［EB/OL］.江苏省环境保护厅，2009 – 02 – 16.

高强度工业化、城镇化开发，以保持并提高生态产品供给能力的区域。增强国家重点生态功能区的生态产品生产能力，必须选择跨越发展战略，以避免工业化过程给生态环境带来的危害。党的十八届三中全会明确指出："坚持谁受益、谁补偿原则，完善对重点生态功能区的生态补偿机制，推动地区间建立横向生态补偿制度。"目前，主要财政政策措施包括完善生态林保护、防护林保护、草原保护、湿地保护的补偿机制，既给承担保护责任的地方政府进行财政补贴，又给承担保护责任的个人和集体进行经济补偿，使保护生态的地区不再遭受经济损失。建立财政转移支付与森林资源保有量、洁净水外流量、农业产量挂钩的机制。将国家重点生态功能区的公共财政应用于交通、水利、通信信息等公共基础设施的建设和服务体系运作。公共财政在生态功能区保护方面的作用无可替代，财政政策是发挥其重要作用的有效措施和工具，财政政策作用效果的高低直接影响生态功能区的各方面建设。

第一节　生态功能区财政政策工具运用状况

一、财政政策工具运用的一般情况

本章以大小兴安岭生态功能区为例，考察其财政政策运用的具体情况。财政政策的实施从科层制结构上看包括两个层面：一是中央政府针对大小兴安岭生态功能区的财政政策，二是黑龙江省自身制定实施的财政政策。无论是中央政策还是地方政策，其政策工具的类型基本一致，主要包括财政转移支付、财政补偿和财政投资。

（一）中央政府的财政政策工具运用情况

1. 财政转移支付方面

转移支付是通过政府为企业、个人或下级政府提供无偿资金援助，以调节社会分配和生产的政策，如对居民的补助和企业的投资补助等。转移支付具有以下特点：影响国民收入分配，运用得当可缩小贫富差距；扩张需求，对低收入者的补贴会增加其边际消费倾向，刺激需求，乘数效应小，相对公共工程投入来说，效果体现在现期。

中央对生态功能区的财政转移支付主要通过一般性转移支付和专项转移支付完成，目的是实现中央政府保护生态的初衷，也是敦促黑龙江省政府积极履行大小兴安岭生态功能区生态保护职能。一般来说，通过这样的转移支付可以均衡地区的财力差距，实现地区的基本公共服务均等。现阶段，中央对地方的一般性转移支付按照地区生产总值、总人口等客观因素计算，而大小兴安岭生态功能区成立后，黑龙江省政府因实施生态保护造成了 GDP 减少，财政收入减少，中央财政对其转移支付规模也相应增加，根据大小兴安岭生态功能区的标准财政收支，考虑大小兴安岭生态功能区具体的财政困难现状给予适量的补助以补偿地区发展成本；与此对应的中央对大小兴安岭生态功能区的专项转移支付主要解决了森林生态系统的外部性，其是中央政府为了实行特定的生态保护目标而设定的。

2. 财政补偿方面

财政补贴是指国家财政部门在一定时期内，根据国家政策的需要，向某些特定的行业、部门、企业或个人等无偿提供的补助。财政补贴是对市场失灵的有效弥补，也是调节物价水平和维护宏观经济稳定运行的有力保证。财政补贴作为政府实施宏观经济调控的主要工具，具有以下特征：一是政策性，财政补贴是政府调节社会需求、稳定宏观经济运行、优化资源配置、维持社会秩序的有力杠杆和主要工具，是国家各项方针政策得以实施的经济手段，具有显著的政策性；二是灵活性，财政补贴的资金来源、对象、规模、标准、方式等均由国家根据当前经济运行情况、具体政策要求等因素进行及时调整、修正和更新，以满足经济社会发展的需要；三是时效性，财政补贴服务于国家政策目标，财政补贴的调整源于某项政策的变化，财政补贴的取消源于某项政策的完结或效力丧失。

中央的财政补偿政策方面，完善大小兴安岭生态功能区生态保护的资金扶持，诸如育林基金、林业建设基金和森林植被恢复费已经开展，对纳入天然林保护工程范围的国有林，由中央财政安排管护费，将林区防火、国家级自然保护区（湿地）管护、航空护林、森林病虫害防治、森林调查等公益性事业的运营经费全额纳入财政预算。国有林区企业在册全民职工基本养老、基本医疗、失业、工伤、生育保险，继续由中央财政安排适当补助。税收减免政策偏重与补助政策联系起来，中央财政承担实施天然林保护工程引起的地方财政减收总额的80%，中央财政对不同税种的减收分别按不同比例给予补助，其中，对与林区财政密切相关的原木特产税减收由中央全额补助，其他税种减收由中央按68%补助。其他税种主要包括增值税、营业税、所得税、城建税、教育费附加以及其他相关收入，转移支付数额的计算公式如下：某地区天然林保护工程减收转移支付额＝该地区原木特产税减收额＋该地区其他税种减收额×68%。

3. 财政投资方面

中央政府在一定期限内参照资源枯竭城市政策并比照农业补贴政策支持林区经济转型。大小兴安岭森林生态功能区范围内森林覆盖率高于70%的县（旗、区）参照执行资源枯竭城市财政投资政策；在中央预算内投资中安排专项资金，专项用于支持大小兴安岭林区发展能够充分吸纳就业的接续替代产业以及支持林区开展"以煤代木"。在基础设施、生态建设、环境保护、扶贫开发和社会事业等方面安排中央预算内投资和其他有关中央专项投资时，赋予黑龙江省大小兴安岭林区西部大开发政策。

（二）黑龙江省政府的财政政策工具运用情况

1. 财政转移支付方面

黑龙江省政府在财政转移支付方面，积极创新财政体制，在省级政府财政预算中设立了地方森林生态补偿基金，并对中央政府的专项转移支付资金进行配套资金供给。财政投资性支出，也称为财政投资或公共投资，是以政府为主体，将其从社会产品或国民收入中筹集起来的财政资金用于国民经济各部门的一种集中性、政策性投资，它是财政支出中的重要组成部分。

财政投资可通过乘数效应吸引社会资本投入生态功能恢复、优势产业培育、基础设施建设等领域，对改善自然生态环境、拉动区域经济增长、促进社会福利水平提高等具有十分重要的作用。

2. 财政补贴方面

黑龙江省政府在林业职工从事林业生产和动植物种植养殖活动中，规定其可符合条件的情况下享受国家扶持政策，在农业保险、小额贷款等方面给予重点扶持和补贴，鼓励各类金融机构加大对大小兴安岭林区经济转型的支持。财政贴息已经成为大小兴安岭生态功能区加强环境保护、加快产业发展的重要财政支出手段。

3. 税收政策方面

和生态保护有关的财政收入工具主要采用了资源税工具，于 2010 年开始征收资源税，到 2019 年，税收总额从 153364 万元上升到 649100 万元，占黑龙江省税收总额的比例从 2.8% 上升 7.0%。[①]

税收优惠作为税收政策的主要内容，是国家进行宏观经济调控的重要工具，在调整优化产业结构、吸引利用外商投资、促进科技水平提高、加快区域经济发展及实现社会公平等方面具有重要意义。目前，我国税收优惠政策已由区域税收优惠为主转变为以产业税收优惠为主，包括高新技术企业税收优惠、软件产业和集成电路产业税收优惠等。如表 3-1 所示，目前，适用于黑龙江省生态功能区的税收优惠政策主要包括三类。

表 3-1　　　黑龙江省大小兴安岭生态功能区适用的税收优惠政策

分类	具体内容
调整流转税起征点	自 2011 年 11 月起，增值税销售货物的起征点为月销售额 20000 元，销售应税劳务的起征点为月销售额 20000 元，按次纳税的起征点为每次（日）销售额 500 元；营业税按期纳税的起征点统一调整为月营业额 20000 元；按次纳税的起征点为每次（日）营业额 500 元
企业所得税的减免	为科学研究、开发能源、发展交通事业、农林牧业生产及开发重要技术提供专用技术所取得的特许权使用费，可减按 10% 的税率征收所得税，其中技术先进或许条件优惠的，可以免征所得税
重点项目税收优惠	为推进全省"百镇"及重点旅游名镇项目的实施，对个人出租住房所得减按 10% 征收个人所得税，按 3% 减半征收营业税，减按 4% 征收房产税，免征土地使用税；对个人住房租赁合同免征印花税等

二、财政政策工具运用取得的成果分析

据《大小兴安岭林区生态保护和经济转型规划（2010—2020 年）》，

---

① 《黑龙江省统计年鉴》（2020 年）。

可以看出，大小兴安岭生态功能区的财政政策实施取得了一定的进步，力图充分发挥政策的效能，保障大小兴安岭生态功能区生态保护和经济发展的目标和任务顺利完成。

（一）财政转移支付有所完善

截至 2018 年，国家在林业重点生态工程累计投入资金 76700507 万元，其中，天然林资源保护工程累计投入资金 29550262 万元，退耕还林工程累计投入资金 35001201 万元。① 由表 3 - 2 可见，从 1998 年开始，为了促进大小兴安岭生态功能区的发展，国家采取了多种有效的财政政策，建立生态系统建设的横向援助机制，鼓励和督促生态环境受益地区采取资金补助、定向援助、对口支援等多种形式对天保工程和退耕还林工程进行了投资，对大小兴安岭生态功能区因加强生态环境建设所造成的利益损失进行合理的补偿。国家加大了对大小兴安岭生态功能区的转移支付力度，主要以国家直接拨付为主加大了对大小兴安岭的一期、二期天保工程投入。

表 3 - 2　全国 1998 ~ 2018 年林业重点生态工程实际完成投资及国家投资情况　　单位：万元

年份	天然林资源保护工程		退耕还林工程	
	实际完成投资	其中国家投资	实际完成投资	其中国家投资
1998	227761	206365	—	
1999	409225	351309	33595	33595
2000	608414	582886	154075	146623
"九五"小计	1245400	1140560	187670	180218
2001	949319	887717	314547	248459
2002	933712	881617	1106096	1061504
2003	679020	650304	2085573	1926019
2004	681985	640987	2142905	1920609
2005	620148	584777	2404111	2185928
"十五"小计	3864184	3645398	8053232	7342519
2006	643750	604120	2321449	2224633

① 《中国林业统计年鉴》（2019 年）。

年份	天然林资源保护工程		退耕还林工程	
	实际完成投资	其中国家投资	实际完成投资	其中国家投资
2007	820496	666496	2084085	1915544
2008	973000	923500	2489727	2210195
2009	817253	688199	3217569	2886310
2010	731299	591086	2927290	2499773
"十一五"小计	3985798	3473401	13040120	11736455
2011	1826744	1696826	2463373	1949855
2012	2186318	1710230	1977649	1545329
2013	2301529	2020503	1962668	1557260
2014	2630936	2204105	2230905	1916113
2015	2983638	2838326	2752809	2520733
"十二五"小计	11909165	10469990	11387404	9489290
2016	3400322	3334513	2366719	2149296
2017	376641	3615667	2221446	2055317
2018	3956762	3870733	2254055	2048106
总计	32125272	29550262	39510646	35001201

资料来源：历年《中国林业统计年鉴》。

（二）生态补偿初步得到改进

生态补偿方面有了一定的改进，中央政府对黑龙江省的财政补助政策是有倾斜和照顾的，同时，中央政府和黑龙江省政府又对生态功能区中占重要地位的林业加大了扶持力度。由表 3 - 3 可以观察到，随着黑龙江省林业投资力度的增加，黑龙江省的林业产值和林业增加值也获得了提高，随着生态保护力度的加强和 2014 年 4 月 1 日起黑龙江省天然林区的商品林禁伐令的下达，人均木材的产量有了大幅的下降。

表 3 - 3　　　　　　　1990 ~ 2018 年黑龙江省林业总产值及指数

年份	林业总产值和指数		林业增加值 （亿元）	人均木材产量 （立方米）
	总产值（亿元）	指数		
1990	7.6	101.2	-	0.43
1991	8.2	100.7	-	0.38

年份	林业总产值和指数		林业增加值 （亿元）	人均木材产量 （立方米）
	总产值（亿元）	指数		
1992	10.3	107.8	–	0.35
1993	10.2	98	–	0.34
1994	12.4	113.8	–	0.34
1995	14.7	118.9	7.4	0.3
1996	16.8	110	7.9	0.35
1997	17.1	101.9	8.1	0.31
1998	17.7	97.8	7.8	0.25
1999	18.3	107	7.6	0.22
2000	18.3	100	7.7	0.18
2001	15.7	97.9	5.9	0.17
2002	16.2	102.2	6.1	0.16
2003	59.1	102.5	30.3	0.2
2004	65.8	111.4	30.9	0.16
2005	67.3	100.6	30.3	0.2
2006	68.0	101	32	0.2
2007	76.8	105.9	36.9	0.2
2008	84.5	108	41.8	0.23
2009	78.0	100.7	39.8	0.2
2010	84.9	109.3	44.3	0.2
2011	95.1	104.8	51.1	0.11
2012	112.7	106.7	62.3	0.1
2013	146.9	106.9	83.6	0.07
2014	154.6	100.2	90.5	–
2015	156.6	105.7	95	–
2016	163.7	108.7	100.8	–
2017	175.2	–	–	–
2018	186.4	–	–	–

资料来源：历年《中国林业统计年鉴》。

（三）促进经济转型的财政投资初见成效

经过十几年的建设时间，大小兴安岭的财政投资有了一定规模和成效，由表 3-4 可见，农村居民家庭的恩格尔系数在 1978~1999 年间的数值都在 50% 以上，处于温饱和绝对的贫困水平上。2000~2018 年恩格尔系数逐渐下降，农村居民收入增加，生活水平有所提高，其中，1998 年开展的天保工程贡献了一部分力量。

表 3-4　**1990~2018 年黑龙江省的城乡居民家庭人均收入、家庭恩格尔系数与居民消费价格指数（CPI）与国家情况对比**

年份	黑龙江省农村居民人均纯收入(元)	国家农村居民人均纯收入(元)	黑龙江省城镇居民人均可支配收入(元)	国家城镇居民人均可支配收入(元)	黑龙江省农村居民家庭恩格尔系数(%)	国家农村居民家庭恩格尔系数(%)	黑龙江省城镇居民家庭恩格尔系数(%)	国家城镇居民家庭恩格尔系数(%)	黑龙江省 CPI（去年=100）	国家 CPI（去年=100）
1990	760	686.3	1211	1510.2	56.6	58.8	51.1	54.2	105.7	103.1
1991	735	708.6	1389	1700.6	57.7	57.6	50.6	53.8	107.4	103.4
1992	949	784.0	1630	2026.6	62.0	57.6	49.9	53.0	109.2	106.4
1993	1028	921.6	1960	2577.4	61.0	58.1	49.2	50.3	114.8	114.7
1994	1394	1221.0	2597	3496.2	64.4	58.9	50.8	50.0	121.9	124.1
1995	1766	1577.7	3375	4283.0	55.0	58.6	48.2	50.1	116.1	117.1
1996	2182	1926.1	3768	4838.9	55.5	56.3	46.2	48.8	107.1	108.3
1997	2308	2090.1	4091	5160.3	54.8	55.1	45.9	46.6	104.4	102.8
1998	2253	2162.0	4269	5425.1	55.0	53.4	43.5	44.7	100.4	99.2
1999	2166	2210.3	4595	5854.0	52.8	52.6	40.5	42.1	96.8	98.6
2000	2148	2253.4	4913	6280.8	44.3	49.1	38.4	39.4	98.3	100.4
2001	2280	2366.4	5426	6859.6	42.7	47.7	37.2	38.2	100.8	100.7
2002	2405	2475.6	6106	7702.8	41.6	46.2	35.5	37.7	99.3	99.2
2003	2509	2622.2	6679	8472.2	40.7	45.6	35.6	37.1	100.9	101.2
2004	3005	2936.4	7471	9421.6	40.9	47.2	35.4	37.7	103.8	103.9
2005	3221	3254.9	8273	10493.0	36.3	45.5	33.5	36.7	101.2	101.8
2006	3552	3587.0	9182	11759.5	35.3	43.0	33.3	35.8	101.9	101.5
2007	4132	4140.4	10245	13785.8	34.6	43.1	35.0	36.3	105.4	104.8
2008	4856	4760.6	11581	15780.8	33.0	43.7	36.3	37.9	105.6	105.9
2009	4856	4760.6	12566	17174.7	31.5	41.0	35.3	36.5	100.2	99.3
2010	6211	5919.0	13857	19109.4	33.8	41.1	35.4	35.7	103.9	103.3

年份	黑龙江省农村居民人均纯收入(元)	国家农村居民人均纯收入(元)	黑龙江省城镇居民人均可支配收入(元)	国家城镇居民人均可支配收入(元)	黑龙江省农村居民家庭恩格尔系数(%)	国家农村居民家庭恩格尔系数(%)	黑龙江省城镇居民家庭恩格尔系数(%)	国家城镇居民家庭恩格尔系数(%)	黑龙江省CPI(去年=100)	国家CPI(去年=100)
2011	7591	6977.3	15696	21809.8	35.1	40.4	36.1	36.3	105.8	105.4
2012	8604	7916.6	17760	24564.7	37.9	39.3	36.1	36.2	103.2	102.6
2013	9634	8895.9	19597	26955.1	35.2	37.7	35.8	35.0	102.2	102.6
2014	10453	10489	22609	28844	28.2	33.5	27.5	30.0	101.4	102
2015	11095	11422	24203	31195	27.5	33.0	27.7	29.7	101.1	101.4
2016	11832	12363	25736	33616	27.7	32.2	27.7	29.3	101.5	102
2017	12665	13432	27446	36396	26.5	31.2	27.2	28.6	101.3	101.6
2018	13804	14617	29191	39251	27.3	30.1	26.8	27.7	102.0	102.1

资料来源：历年《黑龙江省统计年鉴》。

第二节　财政政策工具运用存在的问题及成因分析

大小兴安岭生态功能区所采用的财政政策工具主要集中在财政收入、财政支出两个方面，财政收入方面的政策工具包括资源税、排污费、生态建设资金和生态税四种类型；财政支出方面的政策工具包括财政转移支付、生态补偿、财政补贴和生态付费四种类型。

一、财政收入方面的政策工具存在的问题

1. 资源税比例过小不足以弥补生态破坏的损失

和生态保护有关的税收收入工具主要是资源税，从表3-5可以看到，资源税收入虽然整体不断提高，但占黑龙江省税收总额的比例依然很小。按照专款专用的原则，资源税的额度远远不能满足大小兴安岭生态功能区保护生态的财政支出需要。

表 3－5   **2003～2019 年黑龙江省财政收支情况**   单位：亿元

年份	财政收入	税收收入	税收收入中资源税收入	财政支出	林业和环境保护支出
2003	248.9	201.46	14.45	564.9	564.91
2004	289.4	－	12.23	697.6	715.67
2005	318.2	－	11.14	787.8	807.59
2006	386.4	－	14.52	968.5	988.43
2007	440.2	334.97	15.37	1187.3	1225.94
2008	578.4	420.21	14.05	1542.3	1578.17
2009	641.6	444.31	15.31	1877.7	1961.15
2010	755.6	556.97	15.34	2253.3	2359.12
2011	997.5	741.85	23.73	2794.1	2980.86
2012	1163.2	837.80	68.47	3171.5	3345.73
2013	1277.4	912.82	75.27	3369.2	3493.78
2014	1301.3	977.40	108.33	3434.2	3531.62
2015	1165.9	880.34	53.75	4020.7	4148.72
2016	1148.4	827.85	40.74	4227.3	4365.89
2017	1243.3	901.91	53.59	4641.08	4793.83
2018	1282.6	980.80	66.55	4676.75	4818.20
2019	1262.76	924.40	64.91	5011.56	5140.39

资料来源：历年《黑龙江省统计年鉴》。

2. 排污费缺乏合理的标准

非税收入主要指排污费。大小兴安岭生态功能区实际运行中，现行的环保排污收费政策征收标准偏低，范围过窄，不能抵销生态破坏的治理成本。此外，还存在排污费重复收费的项目，缺乏科学合理的设计，为了保护生态而使用的财政收入工具获得的资金没有明确规定专款专用，是否用于保护生态和治理污染都很难控制。

3. 生态建设资金来源不稳

政府在大小兴安岭生态功能区的财政政策工具使用手段单一。中国政府投入生态建设的资金来源曾经主要依靠国债支撑，随着国债发行量的压缩，生态建设的资金来源越来越不稳定，极大地影响了生态建设成效和政策的可持续性。后来，大小兴安岭生态功能区的资金主要来源于中央政府对地方政府的财政支付，或者依托国家环境保护部门直属机构及地方各级政府的投入。在大小兴安岭生态功能区地方政府与中央政府的利益冲突和博弈中，中央政府要获得生态保护，而地方政府则需要获得中央政府更多的财政支持、更多的生态环境修复的转移支付、更高的大小兴安岭生态功能区综合补贴标准，以及更多的林木管护专项经费等，因此，生态建设资金在中央与地方政府的博弈中来源不稳。

4. 生态税的使用处于理论探索阶段

大小兴安岭生态功能区生态税政策还处于理论探索阶段。跟税收有关的政策目前实施的只是税收减免政策和资源税。由表 3 - 5 可见，资源税是目前和生态保护有关的重要税收之一。2014 年 12 月 1 日，煤炭资源税由从量税变从价税的改革开始，油气等资源税也优化重整。2018 年 1 月 1 日，中国第一部推进生态文明建设的单行税法——《中华人民共和国环境保护税法》正式实施，这也意味着施行了近 40 年的排污收费制度将退出历史舞台。生态税、环境税等税制绿化的绿色税收，是加快经济发展方式转变的必然要求，也是实现环境保护的必由之路。我国尚未设定专口的环境税种，整体环境税收政策缺乏系统性，相关税收优惠政策也缺少针对性、灵活性和科学有效性。

二、财政支出方面的政策工具存在的问题

1. 转移支付方面的问题

第一，中央的财政转移支付分为一般转移支付和专项转移支付。一般转移支付方面，首先，一般转移支付比例过低，但是，这种状况在 2011 年有所改变，中央政府在均衡性转移支付下安排了对于大小兴安岭生态功能区的转移支付，运用因素法进行资金分配，但实际效果尚不明确。总体而言，没有考虑一般转移支付与贫困陷阱的关系，一般转移支付的规模和程度不够。其次，大小兴安岭生态功能区财政转移支付存在着标准低、范围窄和定量机制缺失等问题。最后，生态转移支付缺乏完善的立法支撑，立法工作滞后于生态保护和建设的实践进展和要求，没有形成统一全面的基础性法律制度支撑，制约了大小兴安岭生态功能区生态转移支付系统的发

展，也制约了大小兴安岭生态功能区建立有序的财政支出体系。专项转移支付方面，天保工程属于中央对大小兴安岭生态功能区的专项转移支付，由于项目工程具有固定的周期，所以，尽管天保工程建设已经延至二期，但仍缺乏长期性和稳定性。实施财政补贴等政策工具没有合理的量化标准。

第二，黑龙江省的财政转移支付方面，尽管积极创新财政体制，在省级政府财政预算中设立了地方森林生态补偿基金，但基金却没有到位。黑龙江省专项转移支付也存在很多问题，黑龙江省属于欠发达地区，对于中央政府的专项转移支付的配套资金供给显得力不从心，财政负担严重。

第三，缺乏横向转移支付，尽管本书研究的地域范围限定在了黑龙江省内，不能忽略的事实是大小兴安岭生态功能区横跨了黑龙江省和内蒙古自治区的行政区域，其很多建设包括财政转移支付都需要在两省份的协商基础上完成。目前，横向财政转移支付处于理论构想阶段，没有实际的进展，其本身存在的制度规范性弊端是难以克服的，需要中央政府的协调，使各行政区利益主体的利益实现最大化。

2. 生态补偿不足

第一，对生态移民的生态补偿不足。由于大小兴安岭生态功能区的建设需要，使得当地很多居民变成了生态移民。他们搬离了熟悉的生活和工作场所，正常的生活秩序被打乱了，丧失了经济来源，大小兴安岭生态功能区所在地的居民生活仍处于较低水平。而政府对生态移民的生态补偿不足、不到位等问题使得生态移民遭受了巨大的经济损失。

第二，森林生态效益补偿几乎没有实施。截至 2016 年，大小兴安岭生态功能区所属地区的生态建设与保护的财政投入手段还很单一，主要集中在生态工程的补助资金，而森林生态效益补偿几乎没有采用。

3. 财政补贴力度不够

由表 3–6 我们可以看出，尽管中央和地方政府对林业进行了大量的财政援助，但是，取得的效果并不明显。补偿、补助和转移支付不如生态付费科学，没有充分体现大小兴安岭生态功能区森林生态系统的生态价值，使得其价值被低估。大小兴安岭生态功能区的地区生产总值和人均地区生产总值依然处于全省甚至全国中下游。黑龙江省的地区生产总值占国家 GDP 比例从1978 年的 4.8% 下降到 2019 年的 1.4%，呈现递减的趋势，黑龙江省人均地区生产总值占国家的人均GDP从1978年的146.5%下降到2019年的51.0%，同样呈现递减趋势。尤其是从1998年开始实施天保工程后，由于保护森林生态系统的需要，导致黑龙江省人均地区生产总值接近或远远低于国家平均水平，黑龙江省包括大小兴安岭生态功能区的经济状况远远低于国家平均水平。

表3-6　　　　　1978～2019年黑龙江省地区生产总值与
人均地区生产总值情况

年份	国家GDP（亿元）	黑龙江省地区生产总值（亿元）	黑龙江省地区生产总值占国家的比例（%）	国家人均GDP（元）	黑龙江省人均地区生产总值（元）	黑龙江省人均地区生产总值占国家的比例（%）
1978	3678.7	174.8	4.8	385	564	146.5
1979	4100.5	187.2	4.6	423	594	140.4
1980	4587.6	221.0	4.8	468	694	148.3
1981	4935.8	228.3	4.6	497	709	142.7
1982	5373.4	248.4	4.6	533	762	143.0
1983	6020.9	276.9	4.6	588	841	143.0
1984	7278.5	318.3	4.4	702	959	136.6
1985	9098.9	355.0	3.9	866	1062	122.6
1986	10376.2	400.8	3.9	973	1189	122.2
1987	12174.6	454.6	3.7	1123	1335	118.9
1988	15180.4	552.0	3.6	1378	1602	116.3
1989	17179.7	630.6	3.7	1536	1808	117.7
1990	18872.9	715.2	3.8	1663	2028	121.9
1991	22005.6	822.3	3.7	1912	2310	120.8
1992	27194.5	959.7	3.5	2334	2672	114.5
1993	35673.2	1198.4	3.4	3027	3306	109.2
1994	48637.5	1604.9	3.3	4081	4390	107.6
1995	61339.9	1991.4	3.2	5091	5402	106.1
1996	71813.6	2370.5	3.3	5898	6382	108.2
1997	79715	2667.5	3.3	6481	7133	110.1
1998	85195.5	2774.4	3.3	6860	7375	107.5
1999	90564.4	2866.3	3.2	7229	7578	104.8
2000	100280.1	3151.4	3.1	7942	8294	104.4

年份	国家GDP（亿元）	黑龙江省地区生产总值（亿元）	黑龙江省地区生产总值占国家的比例（%）	国家人均GDP（元）	黑龙江省人均地区生产总值（元）	黑龙江省人均地区生产总值占国家的比例（%）
2001	110863.1	3390.1	3.1	8717	8900	102.1
2002	121717.4	3637.2	3.0	9506	9541	100.4
2003	137422	4057.4	3.0	10666	10638	99.7
2004	161840.2	4750.6	2.9	12487	12449	99.7
2005	187318.9	5513.7	2.9	14368	14440	100.5
2006	219438.5	6211.8	2.8	16738	16255	97.1
2007	270092.3	7104.0	2.6	20494	18580	90.7
2008	319244.6	8314.4	2.6	24100	21740	90.2
2009	348517.7	8587.0	2.5	26180	22447	85.7
2010	412119.3	10368.6	2.5	30808	27076	87.9
2011	487940.2	12582	2.6	36302	32819	90.4
2012	538580	13691.6	2.5	39874	35711	89.6
2013	592963.2	14382.9	2.4	43684	37509	85.9
2014	643563.1	15132.2	2.4	47173	39468	83.7
2015	688858.2	15174.5	2.2	50237	39699	79.0
2016	746395.1	15386.1	2.1	54139	40432	74.7
2017	832035.9	15902.68	1.9	60014	41916	69.8
2018	919281.1	16361.62	1.8	66006	33977	51.5
2019	990865.1	13612.68	1.4	70892	36183	51.0

资料来源：历年《黑龙江省统计年鉴》、历年《中国统计年鉴》。

4. 生态付费的理解和应用还比较匮乏

大小兴安岭生态功能区对于生态付费系统的研究还处于理论探索阶段，对于生态付费的理解和应用还未成体系，生态付费缺乏标准的设计，尽管从理论上各方专家均赞同生态付费的基础计算方法要基于生态保护成本和机会成本，但实际操作中往往只偏重生态保护成本，对于为了进行生态保护而放弃的机会成本则没有重视。生态付费的构成缺乏定量的依据和实证经验，尤其是缺乏对大小兴安岭生态功能区生态价值的科学评估。尽管生态付费作为财政支出的重要工具，日益受到生态系统服务提供者的追捧，大多数研究者均同意生态受益者需要对生态系统进行必要的付费，而生态付费的客体主要是因为生态保护而经济受到损失的企业和居民。现实中施行的生态付费往往通过某一特定生态项目进行界定，大小兴安岭生态功能区的天保工程和退耕还林项目就是这样的生态付费实践，但是，没能够完全反映出生态系统的巨大价值。

第三节　提升生态功能区财政政策工具实施效果的对策

一、注重发展产业

制定科学的产业发展规划，大力培育和发展生态主导产业，包括"绿色及有机食品"生产与深加工产业、以现代生物技术为依托的健康产业。利用大小兴安岭生态功能区现有基础发展优势产业并重点突出优势产业。政府要制定相关的法律法规和激励政策，进一步带动生产者改良生产的规模并使生产力方向朝着生态产业发展，淘汰传统落后的产业，扶持生态产业，使产业结构能迅速转换。这样才能充分发挥大小兴安岭生态功能区的资源优势，进一步落实生态产业的发展并优化产业结构。

1. 积极发展优势产业

加快发展绿色食品产业，合理发掘和利用地下资源，积极吸纳生态功能区剩余劳动力，逐步建立黑木耳有机食用菌种植基地、野生蓝莓保护基地等绿色食品生产加工基地，为绿色食品产业发展提供原料支持和保障；积极发展林木深加工产业，充分利用品牌和市场竞争力优势，提高林木深加工业的资源利用率、科技含量和产品附加值，逐步形成高端、中端和初级产品相互补充、互有侧重的林木加工产业链条。

2. 大力培育新兴产业

扶持生态旅游产业，加大对生态旅游资源开发的财政投资力度，突出旅游资源特色，充分发挥生态旅游品牌效应，逐步完善旅游基础设施建设，提高生态旅游产业的整体服务水平、旅客接待能力和景区综合竞争力；培育特色北药产业，扩大北药产业原料供应基地规模，加强对北药企业研发创新能力的培育，提高北药生产企业的技术水平和创新能力，推动北药产业的跨越式发展。

二、强化政府服务职能

新公共管理可能代表着走向一种全新的公共行政模式的方向，是政府变迁中一个新时代的开始（张康之，2000）。现代公共管理应该以一种开放的思维模式，动员全社会的力量，来建立一套以政府为中心的开放主体体系。它要以最大限度地谋取社会公共利益为目标，通过提供公共产品服务，来满足社会民众不断增长的物质与精神利益的需求，实现社会的稳定与公共利益的增进（陈庆云，2000）。和谐社会要求政府变管制型为服务型，政府不再是凌驾于社会之上的封闭官僚机构，而是以公众服务为导向，积极回应公众需求的开放式、互动式的政府。公共行政官员的作用就是要使这些冲突和参数为公民所知晓，以便这些现实成为会话过程的一个组成部分。这样做不仅有利于实际的解决方案，而且还可以培育公民权和责任意识（珍妮特·V. 登哈特和罗伯特·B. 登哈特，2010）。尽管政府在治理环境公共事物中存在许多的困境，但是，政府作为"公共人"的特性注定了政府仍将是环境公共事物治理的主导者，政府努力提高公共服务能力，增强政府领导者的生态环境意识，增强生态环境公共危机事件的处理能力。公共管理时代，政府不再是公共服务的唯一供给者，政府公共服务的转移在于培育利益相关者的参与能力。政府要加强对生态功能区治理的政策引导和资金扶持的力度，同时加强利益相关者参与治理的网络建设。推动行业协会、环境保护第三部门等民间组织的健康有序发展，使之成为承担政府下放的社会功能的有效载体，成为公共治理实现的肥沃土壤。政府要有意识地培育一些利益相关者，政府必须积极培育各种民间社团，建立和支持各种环境保护中介组织；政府要逐步剥离各种社会组织的政治职能和行政职能；要落实各种社会组织的经营和管理自主权，确保生态功能区相关社会组织在法律范围内享有较为广阔的自主活动权限；建立政府与社会的良性互动体系，形成良性的沟通和互动的治理网络。

三、完善税收制度

1. 增强税收的调节效果

政府要合理调整税收负担，以大规模的税费改革为突破口，取消不合理的收费和摊派，建立规范、完善的国家税收制度。实行轻税赋政策，减少对大小兴安岭生态功能区有关绿色食品产业、生态旅游产业、北药产业等相关税种的征收，积极引导、发挥各种社会投资主体的作用，吸引社会资金投资于大小兴安岭生态功能区的特色产业，调整产业结构，从而产生巨大的经济效益、生态效益和社会效益。政府应该本着公平税赋，让利于民的原则，建立合理的税基、税目和税率，把切实减轻林农负担作为税制改革的重要内容。

2. 加大税收优惠力度

（1）投资环节税收优惠。应加大生态主导型产业投资环节税收优惠力度，通过引导企业更新设备、吸引社会资金投入、争取金融信贷倾斜、加快原料基地建设等方式促进绿色食品产业、林木精深加工业、东北特色药业、清洁能源产业发展。

（2）经营环节税收优惠。应加大对生态主导型产业经营环节的税收优惠力度，通过加速折旧、加计扣除、延长费用扣除年限、增加税前扣除项目、实行个人所得税优惠等方式发挥税收调节作用，降低企业税收负担，提高企业利润水平，加快生态功能区经济发展。

3. 销售环节税收优惠

（1）实行内销优惠政策。对从事生态主导型产业的企业所销售的绿色生态食品、木材加工成品、生物制药产品、清洁能源电力等产品，可考虑在一定时期内实行增值税先征后退、即征即退政策，在切实降低企业税收负担的同时，扩大产品销路并增加市场份额，加快企业成长。

（2）实行外销优惠政策。在出口环节实行增值税免抵退政策的同时，应扩大出口退税的范围，逐步将绿色生态食品、木材加工成品、生物制药产品等纳入出口退税目录，并适用较高的出口退税率，提高上述生态主导型产业产品的国际竞争力，促进上述产业的快速发展和产业结构的调整升级。

4. 实行差别税收政策

税收优惠政策的实质是国家在税收方面给予纳税人各种优待，能够有效引导社会资金流向、培育和发展相关产业，加快区域经济发展。大小兴安岭生态功能区经济发展具有特殊性，即经济增长以生态恢复和环境保护为前提基础，且主要依托于生态主导性产业的发展。因而，在综合运用税收优惠政策扶持和培育特色产业，加快发展优势特色产业的同时，应实行差别税收政策，主要内容包括：一是加快资源税改革，应逐步将森林资源、土地资源等纳入资源税的征收范围，改变当前资源税征收范围狭隘的局面，并适度提高资源税税率，从而提高生态功能区的地方财政收入，引导资源的合理开发和利用，促进地区产业升级、经济发展以及基本公共服务能力的提高；二是推进环境税费改革，依据"谁污染谁付费"原则，适时将现行的排污费改为环境保护税，将二氧化碳、水污染、固体废物等污染物纳入环境税征收范围，进一步完善财税体系，避免乱收费等现象的滋生。

四、加强转移支付制度建设

转移支付制度是国家调节国民经济和社会生活的有力杠杆，科学、合理、规范的转移支付制度有利于确保生活必需品价格基本稳定，保证居民的基本生活，合理分配国民收入。在大小兴安岭生态功能区经济发展过程中，应逐步完善财政转移支付制度，主要包括以下两个方面。

（一）完善政府补贴政策

1. 加大财政补贴力度

（1）落实林业贴息政策。应在大小兴安岭生态功能区现有林业贴息贷款政策的基础上，增加财政贴息金额，发挥财政贴息资金对金融机构信贷资金、林业部门扶持资金、企业单位自有资金及社会其他闲散资金的引导和吸引作用，推动林业由木材粗加工向深加工转变，提升林业整体的规模化、集群化、专业化水平；加大对林业龙头企业的财政贴息额度，促进其扩大企业规模、拓宽基地面积、增加从业人数，助推大小兴安岭生态功能区龙头企业增强市场竞争力和实现跨越式发展；增加对农户和林业职工个人的财政贴息金额，促进林区个体经济的发展，增加大小兴安岭生态功能区农民收入，最终实现企业发展与林农增收。

（2）增加工业园区补贴。实行科技投资补贴政策，吸引国内外大中型企业携带科技成果、专利进入大小兴安岭生态功能区，提高绿色食品加工、北药产业、清洁能源产业等生态主导型产业的研发创新能力和水平，加快产业集聚进程；实行人才培养补贴政策，鼓励企业与高校、科研机构合作建立职业技能实训基地和研究生培养创新基地等，按照订单式培养等继续教育方式开展各类紧缺人才的培训，满足生态功能区产业转型升级对人才资源的需求；实行资源开发与保护专项补贴政策，加快生态环境保护工程和矿山企业发展，促进大小兴安岭生态功能区矿产资源开发科学化、合理化、有序化。

2. 灵活运用补贴形式

（1）扩大财政贴息范围。目前，大小兴安岭生态功能区的财政贴息政策主要涉及林业，涉及范围相对较小，应适时将生态旅游、绿色食品加工、北药产业等生态主导产业纳入财政贴息范围，引导地区政策性银行、商业银行、保险公司等金融机构实施融资优惠政策。

（2）援引亏损补贴政策。大小兴安岭生态功能区的特色产业大多具有起步晚、成长慢、投资金额大、社会经济效益大的特点，其在建立或经营初期多处于亏损阶段，且受规模、行业等因素限制，企业资金并不充裕，应适度发放亏损补贴，缓解企业的生存压力，促进产业整体发展壮大，产业链条不断延伸及产业布局调整优化。

3. 提高财政补贴效益

（1）明确财政补贴法规。大小兴安岭生态功能区各级政府及财政部门应制定有关财政补贴的法律、法规和规章，通过法律形式明确用于培训和扶持大小兴安岭生态功能区主导型产业的财政补贴具体内容，包括资金来源、补贴对象、补贴金额、负责主体、审批程序等，形成科学、规范、合理的财政国内补贴制度,加快生态功能区产业转型升级;实行重点项目补贴与日常补贴相结合的政策,满足生态功能区中小企业发展的需要,提高财政资金使用效率;设立专门的财政补贴管理与服务机构,负责财政补贴政策对象的审核、财政补贴金额的下拨以及财政补贴绩效考核,提高财政补贴政策的经济性和效率性。

(2)建立信息披露制度。财政补贴政策的制定和实施关系到产业发展、经济增长和生活条件改善等居民的切身利益。大小兴安岭生态功能区应建立财政补贴信息披露制度,明确各财政资金使用部门应公开的具体内容、截止时间、发布形式、信息公开格式等内容,通过财政补贴信息公开的形式逐步规范并监督财政补贴使用者的行为,切实提高资金的使用效率、效益和效果;生态功能区内政府部门还应根据本地实际情况建立切实可行的社会监督机制,鼓励社会群众参与财政补贴制度的监督和管理,保证财政补贴资金的及时、足额发放及有效使用,最大限度地实现其经济和社会效益。

(3)严格财政补贴审计。财政补贴资金是否及时足额发放,是否合规合理使用,都关系到相关产业的壮大发展以及居民生活水平的提高。但目前,财政补贴、财政贴息与亏损补贴等均存在资金被截留、挪用的问题。因此,应建立严格的财政补贴审计制度,由财政部门内部审计机构定期对财政补贴的发放、使用及企业财务管理等情况进行严格审查,以便更好地掌握政府财政补贴的发放情况和地区生态主导型产业的运营状况,保证财政补贴资金及时发放与合理使用;引入社会中介审计机构参与财政补贴的审计工作,强化独立第三方的监督作用。

(二)逐步完善财政转移支付制度

(1)提高税收返还比例。大小兴安岭生态功能区因环境保护任务繁重、产业发展受限、经济增长缓慢、基础设施不完善等原因,其财政收入无法满足日益增长的社会需求。因此,应适度提高对生态功能区的税收返还比例,增加生态功能区的财政收入,提高其基本公共服务和公共产品的提供能力,为区域经济发展提供财力保障。

(2)探索横向转移支付。黑龙江省"哈大齐工业走廊"的经济发展得益于大小兴安岭生态功能区建设。但是，黑龙江省经济发展存在严重的不均衡，导致各地区财政收入存在巨大差距。故应探索建立黑龙江省内横向转移支付，引导受益地区开展资金补助、对口支援等形式的横向转移支付，弥补生态功能区因产业发展受限等带来的经济损失。

第四章

雾霾治理的政策工具研究

从 2010 年开始，每年 10 月下旬到次年 1 月的供暖期，黑龙江省各个地区就会出现白茫茫的天气，空气中还会散发着难闻的气味。2013 年，"雾霾"跃然成为年度最受公众关注的词语之一。雾霾现象是在特定的自然环境与人类活动等诸多方面原因相互作用的情况下出现的。人类在经济社会的活动中会产生大量的细微颗粒物，当排放量超过大气自动调节和承载的能力，再加上自然静稳天气的影响时，大范围的雾霾污染天气就极为容易出现。2016 年 11 月，哈尔滨市出现严重污染天气，空气能见度差，交通一度出现瘫痪，哈尔滨市气象台及时发布了霾和大雾橙色预警。雾霾治理迫在眉睫。政府开始着手采取各种政策措施治理雾霾，其中，政策工具的有效性是政策措施发挥应有作用的重要前提。

第一节　雾霾治理的政策工具研究概述

一、雾霾治理的相关概述

1. 雾霾的界定

雾霾，是雾和霾的结合体。雾是能够悬浮在空气中的微小水滴或冰晶，雾在空气中的存在能够降低空气透明度。霾由空气中的多种微小粒子组成，能使大气变得浑浊，PM2.5 颗粒物是构成霾的主要成分，它是直径小于或等于 2.5 微米的悬浮颗粒物的统称，是一种集合物质，这种入肺颗粒物对人体的生命健康有着极大的伤害。当雾和霾这两种物质在物理上混合在一起时，就会发生化学反应，形成一种非水非物的气溶胶系统，导致整个视野模糊，大气能见度下降，即出现雾霾污染天气。

雾霾中含有20多种有毒物质和细微颗粒，主要的化学成分是二氧化硫、氮氧化物以及烟（粉）尘，对人体有极大的伤害。大气中的PM2.5是雾霾天气形成的重要因素之一，雾霾天气下往往空气中的湿度较高，大气中的二氧化硫、氮氧化物等高污染小粒子气体会吸附空气中的雾滴发生化学反应形成PM2.5颗粒物。PM2.5促进了雾霾的形成，同时，雾霾天气又会进一步加快空气中PM2.5的积聚。当空气中PM2.5的含量超标时，大气则呈现出受到污染的状态，PM2.5与雾霾天气之间相互作用。PM2.5能够在空气中停留极长的时间，并且将雾霾中的污染成分通过大气流动运送至很远的距离，而这些成分对人的呼吸系统和心脑血管系统能够造成极大的损害，同时也影响生态环境和交通运输安全。

雾霾是在特定自然条件与人类活动相互作用的情况下形成的，与多种自然因素和人为因素都有密切的关系。自然因素中包括高湿、静风、逆温以及低气压等几个条件，并且缺一不可。黑龙江省省内全年降水量较高，四季空气中的湿度比较大，受高地高山的地形影响，大气气压比较低，空气的流通性比较差，微小颗粒物难以在短时间内扩散出去。这是黑龙江省雾霾污染天气发生频率较高的自然原因。此外，黑龙江省是一个能源消耗大省，工业发展、交通运输以及日常生活中都会消耗大量的矿产资源和化石燃料。2015年，黑龙江省环境监测中心开展连续性雾霾污染物成分监测分析，结果显示，污染物含量占比中燃煤源最高，处于39.02%~41.80%；第二位是机动车尾气，占比19.03%~22.02%；第三位是工业源，占比6.74%~8.25%；第四位是生物质燃烧，占比2.84%~5.86%。

2. 雾霾治理的含义

雾霾是在相对稳定的自然环境条件下，大气长期被工业生产和生活污染所造成的结果。雾霾治理就是针对雾霾污染所产生的各种源头，在改善自然条件的同时，开展针对性源头治理以减少污染性大气排放物的挥发。

一方面，调节城市生态系统，通过大力植树造林来增强城市碳汇能力，减少大气中的碳含量。根据不同的经营目的和特点，现今我国的人工林大致可分为用材林、防护林、经济林、薪炭林和特种用途林五种，不同种类的人工林在大气保护中发挥着不同的环境效益，可以通过不同人工林的规划选择和合理种植，改善生态环境。但是，人类对于自然环境影响和改变的能力较弱，这种微气候的调节所起到的作用较小。

另一方面，根据不同雾霾污染物的排放来源，有针对性地进行雾霾污染源头治理。具体治理措施包括以下四个方面。第一，减少煤炭消耗量。实行燃煤设施清洁能源改造，开展煤炭清洁化利用，实现煤炭燃烧低排放。第二，严控机动车污染。加快推进黄标车、老旧车淘汰，制定并实施严格的尾气排放标准和燃油标准。第三，强化重点污染企业的治理。将落后的产能淘汰，实行全面的企业清洁生产技术改造。第四，杜绝秸秆焚烧。加强对于秸秆综合利用的开发研究，从根本上杜绝秸秆焚烧现象的发生。《黑龙江省生态环境保护"十三五"规划》中要求着力推进多个雾霾污染源协同治理，制定了分区域、有差别的大气环境质量治理目标。

二、研究目的及意义

黑龙江省雾霾问题出现，给人们的生活以及健康带来了极大的困扰和伤害。黑龙江省政府部门针对不同的雾霾污染源制定了一系列的政策措施，但是，雾霾问题并没有得到明显的改善，甚至在部分地区污染情况越来越严重。政策工具作为政策问题和政策目标之间的桥梁，直接影响着雾霾治理的成效。本章从政策工具的角度来研究黑龙江省雾霾治理政策的有效性以及雾霾治理政策工具的优化选择和组合，以期提高黑龙江省雾霾治理政策的有效性，更好地解决雾霾污染问题。

1. 理论意义

第一，为雾霾治理的理论研究提供一种新的研究思路。现有关于政府雾霾治理的学术研究较少从政策工具的角度出发进行探索，而政策工具是实现政策目标的基本途径，作为有效的政策目标实现媒介不可或缺。

第二，有助于丰富政府雾霾治理中政策工具具体理论研究的内容。本章根据政策工具的一般理论内容，提出适于雾霾治理的具体政策工具分类，并提出完整的定义和指标体系，完善了雾霾治理政策工具研究的理论体系。

2. 实践意义

第一，为黑龙江省长期存在的雾霾问题提供现实解决路径。黑龙江省的雾霾问题出现时间较长，受自然条件以及人为原因的影响，黑龙江省的雾霾污染情况一直较为严重，给社会公众的生产和生活都带来了极大的不良影响。本章关于政策工具的研究针对黑龙江省的雾霾问题，为雾霾污染的解决提供一种新的思路。

第二，有助于政府部门雾霾治理政策的改进。黑龙江省政府部门针对雾霾问题出台了一系列的政策措施，但是，一直没有起到十分明显的效果。本章研究了黑龙江省雾霾治理政策工具的使用情况及效果，找出其中的问题并提出政府雾霾治理政策改进建议。

第三，顺应时代要求，提供政府部门对于公共问题治理的新思路。当前，我国政府部门在公共治理问题中普遍存在管制过多、管理过严的问题，但是，经济手段、公众参与的机制使用太少。这样的问题不仅体现在雾霾治理中，还存在于我国许多公共问题的处理中。因此，本章提出了多角度的公共问题治理思路。

三、国内外研究现状

（一）国外研究现状

1. 关于雾霾治理对策的研究

盖伊·彼得斯（Phidd R，1978）提出了一种新的雾霾治理渠道——碳汇模式，通过水体建设的生态化城市建筑设计，调节空气湿度，增强城市风力，减少空气中的细微颗粒物。希尔芬迪（Helfand，1991）提出，雾霾治理的学术研究已经非常深刻全面，但这些对策在政府政治中得不到很好的执行，上层决策机构应提前进行决策和测试实际执行程序中存在的困难。泰坦伯格（Tietenberg，1994）提出，要实行雾霾治理的跨界合作，要有健全的法律法规、专业执法能力和充分的资源来促进信息方案的形成和监测。埃皮努斯·弗兰茨（Aepinus Franz，1998）提出，可持续发展能够修改和改善目前的社会经济模式，实现更好的内部代际发展与环境改善。罗泽克（Mrozek，2000）提出了一种基于规则和激励机制的雾霾治理区域融资方式。托马斯·R. 戴伊（Thomas R Dye，2008）提出，要从兼顾效率和公平的角度实施排污交易权，通过市场手段减少污染物的排放。

2. 关于各类环境治理政策工具应用效果的研究

西方学者对于环境政策工具的研究比较成熟，大多数学者主要是从经济学的角度和工具的技术层面对各类环境政策工具进行效果的分析。政策工具在西方的环境治理实践中主要包括经济激励、法律工具、信息工具和公民自愿等几类。希尔芬迪（1991）提出，管制型政策工具在具体使用时，操作标准会有所差别，通常情况下这一标准的基本点是技术和绩效。泰坦伯格（Tietenberg，1994）提出，信息披露能够促进市场导向环境政策工具的形成，让生产者和消费者获取充分的市场信息，能够更加有效地发挥市场的功能。阿马彻（Amacher G S，1999）提出，自愿协议主要是指政府和污染公司相互协商签订合同，污染公司可以通过升级企业清洁生产技术，获取更为优惠的政策措施。但是，从现实情况来看，这一目标难以得到有效的实现。罗泽克（2000）提出，经济激励并非在所有的情况下都是等同有效的，例如运用补贴政策，实际情况下非但没有抑制环境破坏的行为，反而在一定程度上促进了这些行为的产生。

3. 关于各类环境治理政策工具优化的研究

豪利特和拉米什（Howlett and Ramesh，2003）提出，美国政府通过加贴标签提高信息知晓度，通过调整产品或者能源的价格来影响消费者对于产品的实际消耗。路德维希·维代茨（Bemelmans Videc，1998）提出自愿协议的有效实现必须基于政府与目标群体的一致协议，而这一协议达成的关键是目标群体中拥有权力的成员。彼得·霍伦森（Peter Hollens，2013）提出，美国在环境治理方面使用较多的经济激励政策工具，但其中大部分并未得以有效独立地实现，还处于管制型政策工具的边缘。这其中还需要破除相关利益集团的阻碍、制定健全的政策法规、维护公众利益以打破公众的抵制。埃迪特（Aidt T S，2004）提出，管制型政策工具在某些条件下不能有效地影响人们的行为，其应用的广泛程度应当有所降低。

（二）国内研究现状

1. 关于雾霾治理对策的研究

苗壮（2013）提出，要建立以排放权为核心的碳金融法律制度，运用市场化机制来促进资源利用，从而使得雾霾问题得以有效治理。高明（2014）提出，要在大气污染的集聚区推动产业集群的治理，完善外部治理环境，形成大气污染治理产业链。刘海英（2015）提出，应建立适合我国的政府雾霾治理绩效评价指标体系，包括资金运用、资源利用、治理项目完成情况以及社会效益4个一级指标。刘太刚（2015）提出，必须要完善地方政府间利益协调机制，建立具有权威性的环境治理合作机构。冯少荣（2015）提出，要实现雾霾治理的多元社会共治，在政府与社会多元主体之间建立一种有效机制，促进多元主体共同目标的实现。石敏俊（2016）提出，要调整现有产业结构，淘汰落后产能，发展绿色环保的战略性新兴和节能环保产业。

2. 关于我国环境治理政策工具分类的研究

黄少安（2014）提出，环境政策工具是动态变迁的，政策工具的选择使用、更新替代所体现出的是政府对于公共问题治理方式的改变。我国现今使用的环境政策工具可以分为管制型工具、基于市场的工具、自愿型工具及信息类工具。王红梅（2016）依据我国环境政策的发展演变过程，将环境政策工具分为传统命令型政策工具、自愿型政策工具和经济型政策工具。陈永国（2017）提出，环境治理中采取有效的政策工具是有效实现环境政策目标和结果的桥梁，我国在环境治理中使用较多的政策工具包括强制型工具、混合型工具和自愿型工具。

3. 关于我国环境治理政策工具应用效果的研究

胡民（2011）提出，我国在环境治理中，较少使用经济激励环境政策工具，仅仅在部分城市试点实行，而更多的是采用了利用市场的政策工具，此外，相关立法也更多的是处于开创阶段。王红梅（2016）提出，受制于纵向上中央集权、横向上权力分散的政策网络风格，中国的区域环境治理中基于市场的环境政策工具、信息类政策工具、自愿型政策工具等这些新的环境政策工具的逐渐使用，并没有很大程度上取代传统的管制型工具。杨志军（2017）提出，我国在环境治理中关于公众参与的相关法律基础较为薄弱，使得自愿型环境政策工具的具体使用难以发挥有效的作用。

4. 关于我国环境治理政策工具优化的研究

孙鳌（2009）提出，现实环境治理问题会涉及多种不同的利益相关者，仅仅使用单一政策工具难以合理解决环境问题，这种效能发力的情况需要建立良好的政策工具组合，以此来弥补单个政策工具在应用中的缺陷。沈小波（2013）提出，自愿型环境政策工具和经济型环境政策工具逐步兴起，并逐渐得到广泛使用，这将会是我国环境政策发展的趋势。甘黎黎（2014）提出，发展市场型环境政策工具要完善内部市场、进一步明确产权、注重实施中的协调性、健全政策的执行体制、调动公众的积极性。李晓玉（2017）提出，信息型政策工具将成为未来中国城市环境治理的一项重要手段，弥补仅依靠指令性控制手段和经济手段所不能起到的重要作用。

（三）国内外研究述评

当前关于我国雾霾治理的文献研究比较多，许多学者从政府政策的角度分析了雾霾问题一直得不到有效治理的原因，并提出了相应的改进建议。但是，这些研究不够具体，国内很少有学者对现有政府雾霾治理的政策进行系统汇总和研究。

在国外的研究中，关于政策工具以及政策工具在环境治理方面的理论研究比较健全和丰富，已经形成了完善的定义和分类，并且对各类环境治理政策工具的具体形式进行了更为细致的划分。但是，不仅黑龙江省，而且整个中国在环境治理机制、雾霾形成原因等多方面都有别于国外。因此，必须要针对黑龙江省实际情况，将环境治理政策工具的理论与具体政策实践相结合，对政府雾霾治理的具体政策进行系统研究。

四、研究内容与方法

1. 研究内容

本章的主要研究内容为黑龙江省雾霾治理政策工具的使用情况，具体内容包括以下四个方面。

（1）雾霾治理政策工具的基础理论。本部分包括雾霾的定义及产生的原因、雾霾治理的含义、政策工具的定义和分类、雾霾治理政策工具的分类等基本理论以及其他相关理论。

（2）黑龙江省雾霾治理政策工具使用的现状。在具体分析黑龙江省雾霾治理政策工具的使用情况和现阶段黑龙江省雾霾治理情况的基础上，分析了黑龙江省雾霾治理政策工具使用中存在的问题和原因。

（3）国内外雾霾治理政策工具使用的经验借鉴。借鉴了英国、美国、德国等几个国家和安徽省、山东省、河北省等几个国内省份在雾霾治理政策工具使用中的先进经验，并据此得出了相关启示。

（4）黑龙江省雾霾治理政策工具的优化对策。根据分析后所总结了解的问题和原因，在借鉴国内外政策工具使用先进经验的基础上，提出了每一种雾霾治理政策工具的具体优化对策。

2. 研究方法

（1）文献研究法。为了对相关的研究成果和主要观点有较全面的了解，查阅大量的国内外有关的文献资料，并进行分类整理，对于现有雾霾治理政策工具的使用情况已有系统的认知。研究中使用的大量数据资料、文献、政策文本等主要来源于中国知网、国家统计局、财政部以及黑龙江省统计局、黑龙江省财政厅、黑龙江省生态环境厅的官方网站数据。

（2）比较分析法。分析比较国内外雾霾治理中所使用的政策工具及采取的具体措施，按照一定的标准和目标，分析黑龙江省与之相比所存在的异同点。借鉴西方国家以及我国其他省份中雾霾治理政策工具使用的有效经验，并根据黑龙江省具体的实际情况进行改进，以此来提高黑龙江省政府部门对于雾霾问题的治理水平。

（3）系统分析法。将黑龙江省雾霾治理看作一个系统性问题，使用政策工具对黑龙江省现今所采取的一系列雾霾治理政策进行具体的分类和分析，并找出这些政策工具在使用过程中存在的不足之处，提出有效的解决对策。

第二节 雾霾治理政策工具使用的现状及问题分析

一、黑龙江省雾霾污染治理情况

（一）黑龙江省历年雾霾主要成分含量变化情况

雾霾中主要的化学污染成分是二氧化硫、氮氧化物和烟（粉）尘，大气中这些污染成分的含量能够直接反映出地方雾霾污染的情况和治理情况。如图4-1和图4-2所示，2011~2016年，全国范围内和黑龙江省内雾霾三种主要成分的含量总体上呈现出下降的趋势。

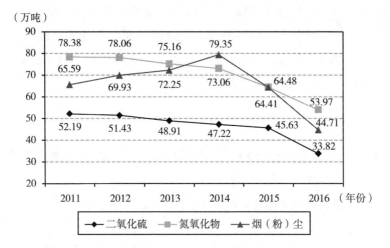

图4-1 2011~2016年黑龙江省雾霾主要成分含量变化

资料来源：历年《中国统计年鉴》。

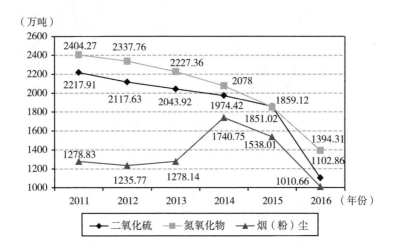

图4-2 2011~2016年全国雾霾主要成分含量变化

资料来源：历年《中国统计年鉴》。

但是，具体来看，2011~2016年，全国范围内二氧化硫的含量下降了50.27%，而黑龙江省二氧化硫的含量仅下降了35.20%。2011~2016年，全国范围氮氧化物的含量下降了42.01%，而黑龙江省氮氧化物的含量仅下降了 31.14%。2011～2016 年，全国范围内和黑龙江省内烟（粉）尘的含量总体呈现出先上升后下降的趋势，2014 年烟（粉）尘含量均达到峰值。2011～2016 年，全国范围内烟（粉）尘的含量下降了 20.97%，黑龙江省内烟（粉）尘的含量下降了 31.83%。由此可以看出，除烟（粉）尘外，黑龙江省雾霾中大部分主要成分含量的下降比均低于全国。这说明，黑龙江省雾霾问题在治理过程中虽然取得了一定的成效，但是，就全国治理效果来看还有很大的改善空间。

（二）黑龙江省月度 PM2.5 浓度变化情况

图 4-3 是黑龙江省 2015～2017 年中每个月 PM2.5 的浓度变化折线图。从图中可以看出，黑龙江省每年 11 月、12 月和第二年的 1 月、2 月，PM2.5 浓度都会表现出比较高的水平。

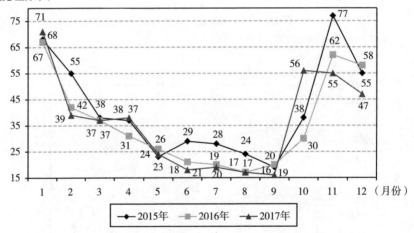

图 4-3　2015～2017 年黑龙江省月度 PM2.5 浓度变化
资料来源：《黑龙江省城市空气质量月报》（黑龙江省环境监测中心站）。

2015 年，中国全年大气中 PM2.5 的测量浓度平均值是 50 微克/立方米，2016 年，中国全年大气中 PM2.5 的测量浓度平均值是 47 微克/立方米，2017 年，中国全年大气中 PM2.5 的测量浓度平均值是 43 微克/立方米。[1]

① 《中国生态环境状况公报》（2018 年）。

而如图 4-3 所示，黑龙江省 2015 年、2016 年和 2017 年 1 月、11 月、12 月这 3 个月份当中大气中 PM2.5 的测度浓度都会远超过国家平均值。当然，这与黑龙江省的自然静稳天气和冬季煤炭、秸秆燃烧增多有密切的关系。世界卫生组织认为，大气中 PM2.5 浓度的安全值范围是小于或者等于 10 微克/立方米，并且在《空气质量准则》中指出，当空气中 PM2.5 的年测量平均浓度超过 35 微克/立方米时，比起测量浓度为 10 微克/立方米的安全临界值时，人的死亡风险会增加 15% 左右。此外，从图 4-3 中也可以看出，2015 年、2016 年、2017 年各月度中 PM2.5 的浓度相比并没有出现明显的变动。目前，黑龙江省雾霾问题治理的效果应得到进一步的提升，对于雾霾治理政策工具的使用情况应进行更为深入的研究。

二、黑龙江省雾霾治理政策工具的具体使用情况

（一）管制型政策工具的使用情况

管制型政策工具是指政府运用强制的手段直接作用于目标受众，并且作为接受者的社会组织和个人只能被动承受，基本没有自由改变的余地。管制型政策工具具有较强的稳定性，并且结果具有可控性。但是，实施成本较高，需要设置较多的管理机构和行政人员，易受人为因素的影响，寻租空间大。同时，难以准确和灵活地应对市场环境和各个市场主体之间复杂的关系，不易调动社会的积极性。

在雾霾治理过程中，管制型政策工具主要包括直接供给和进行管制两类。其中，直接供给是指政府部门通过直接提供资金的方式为雾霾问题的治理提供相关的公共物品或服务。进行管制是指政府通过制定一定的标准、规划、命令等，要求被执行者必须履行，从而直接控制大气污染物的排放，达到保护环境的目的。进行管制主要包括污染物排放控制、污染物集中控制、环境标准、环保治理、环境资源规划、环境影响评价、申报许可、城市环境综合整治定量考核、环境监察、整改及关停等具体政策工具。近年来，黑龙江省在雾霾治理过程中使用了较多的管制型政策工具，如表 4-1 所示。

表4-1　　　　　　　　　雾霾治理中管制型政策工具的具体使用情况

工具类型	具体政策工具	政策措施
直接供给	财政支出	(1) 2015年，全省投入4亿元财政资金，实行落后产能淘汰和节能技术改造； (2) 2016年，省财政投入5.8亿元，支持13个中心城市和省直管县改造老旧管网748公里，全省拆并小锅炉1973台
进行管制	污染物排放控制	(1) 2016年，发布黑龙江省各地市SO₂、NOx总量减排目标； (2) 2016年，全省SO₂、NOx、烟粉尘排放量同比下降20%； (3) 2017年，全省市级以上城市年空气质量达标天数在88%以上
	污染物集中控制	(1) 划定高污染燃料禁燃区，区内禁止高污染燃料的销售和使用； (2) 全省实现集中供热的城市普及率在87%以上
	环境标准	《黑龙江省大气污染防治专项行动方案（2016—2018年）》规定，2018年，哈尔滨市全年PM2.5年均浓度降至53微克/立方米，降低25%，重污染天数减少50%达到21天左右
	环保治理	(1) 全省县级以上城市的中心区全面禁止黄标车通行； (2) 2014年10月，划定秸秆燃烧禁燃区；2015年，建立秸秆禁燃责任机制，四级责任体系严查露天秸秆焚烧行为； (3) 2015年12月，省政府统一组织开展专项燃煤质量督察，督察方式为企业自查、地方核查和省级抽查相结合，两年内替代1700万吨低质煤； (4) 2016年，各地市开展有机物挥发综合治理，启动并实施项目率在80%以上
	环境资源规划	有条件的地区实行清洁能源替代，推进煤改气、煤改电等；在难以实施清洁能源替代技术的地区，建立配送中心，统一配送清洁煤
	环境影响评价	(1) 2015年11月，黑龙江省开展环评机构专项整治行动情况； (2) 环评项目的受理情况、拟批准项目、批准项目均予以公示
	申报许可	2017年4月，要求省内相关企业危险废物经营许可证的申领、发放情况须予以公布
	城市环境综合整治定量考核	(1) 实施大气污染防治专项行动，省委制定各市地年度考核办法，并将大气防治情况纳入责任指标考核体系； (2) 2016年，污染防治处发布《关于开展2016年度省直部门大气污染防治工作完成情况考核的通知》
	环境监察	(1) 自2014年7月每月进行黑龙江省重点污染源30万千瓦以上火电厂各污染物浓度监督性监测； (2) 2017年1月，开展哈尔滨市燃煤锅炉专项整治督查行动； (3) 全省范围内自动监控各污染源的日均排污浓度情况
	整改及关停	(1) 在2016年供暖季到来之前，哈尔滨市和绥化市市内所有万吨耗煤以上的工业企业开展并全部完成低质燃煤锅炉的改造； (2) 哈尔滨市实行10蒸吨及以下燃煤锅炉淘汰，在2016年底前城市建成区内划标燃煤锅炉基本淘汰

资料来源：根据相关政策文件整理所得。

（二）市场型政策工具的使用情况

市场型政策工具是指政府以市场机制为基础，通过经济方面的鼓励和限制，用成本收益的比较来影响行为者的选择，从而达到环境保护的效果。市场型政策工具在环境资源的优化配置中实施成本较低，利于减少腐败行为，管理手段比较有效。

在雾霾治理过程中，市场型政策工具主要包括两类：利用市场型和创建市场型。其中，利用市场型政策工具是指通过利用价格信号来控制市场交易量，从而达到资源配置的目的。具体政策工具主要包括税收、补贴、绿色信贷、排污收费、自然资源有偿使用、环境保险、押金返还以及保证金等。而创建市场型政策工具是基于科斯定理产权的思想建立的，包括排污权交易和生态补偿等，可以以较低的管理成本实现雾霾污染的治理。黑龙江省在雾霾治理过程中具体使用的市场型政策工具如表4-2所示。

表4-2　　　　　　雾霾治理中市场型政策工具的具体使用情况

工具类型	具体政策工具	政策措施
利用市场	税收	（1）省政府制定《黑龙江省大气污染防治专项行动方案（2016—2018年）》，要求落实新能源汽车税收优惠政策； （2）从2015年起，黑龙江省全面实施煤炭资源税改革，适用税率执行国家最低标准2%； （3）从2018年1月1日起，黑龙江省内开始全面征收环境保护税，税额制定标准为每污染当量1.2元，并将应税大气污染物种类予以明细
	补贴	（1）2020年出台《黑龙江省黄标车及老旧车淘汰工作实施方案》规定了不同初次登记年限、不同类型客车火车的报废补贴标准； （2）2017年，哈尔滨市内全面禁止燃烧秸秆，实行秸秆还田处理并予以补贴，补贴标准为每亩20元
	绿色信贷	（1）拓宽黑龙江省大气污染防治投资和融资的渠道，引导金融机构开展信贷支持，建设企业运营清洁生产金融激励政策； （2）完善黄标车"黄改绿"项目的补贴，黄标车及老旧车的车主在购置新车时可以享受政府信贷优惠支持
	排污收费	（1）自2012年起每季度公告电力企业SO_2排污费缴费数额； （2）自2013年起黑龙江省内所有国家重点监控企业每季度的排污费征收情况必须予以公告
	自然资源有偿使用	暂无具体指导意见，仅依照国务院规定施行

工具类型	具体政策工具	政策措施
利用市场	环境保险	仅 2014 年时，黑龙江省在部分地区开展环境污染责任保险试点，有 10 家企业投保
	押金返还	暂无
	保证金	暂无
创建市场	排污权交易	2015 年，哈尔滨、佳木斯、双鸭山、齐齐哈尔四市开展 SO$_2$ 排污权有偿使用和交易试点工作
	生态补偿	暂无

资料来源：根据相关政策文件整理所得。

（三）信息型政策工具的使用情况

信息型政策工具是指政府在政策的制定、执行以及反馈过程中，以沟通、劝诫、动员、宣传、说服等手段为主，通过向受众群体发布相关信息的方式影响其行为，从而实现政策目标。信息型政策工具保证了政府工作的公开透明，提高了社会公众的信任程度，同时，雾霾信息的收集、整理和公开有利于雾霾污染的系统化治理。但是，信息型政策工具的使用效果却不易预估和控制，而且信息公开的健全管理现今还需要时间。

在雾霾治理过程中，信息型政策工具主要包括信息公开及标志认证两类。其中，信息公开包括环境监测、主动公开污染信息、环境应急、环保听证等具体政策工具，标志认证包括环境认证、环境标志等具体政策工具。黑龙江省政府部门在雾霾治理过程中具体使用的信息型政策工具如表 4-3 所示。

表 4-3　　　　　雾霾治理中信息型政策工具的具体使用情况

工具类型	具体政策工具	政策措施
信息公开	环境监测	（1）黑龙江省生态环境厅官方网站每日实时发布黑龙江省各地市空气质量情况； （2）黑龙江省环境信息与监控中心每年统计并发布环境状况公报； （3）2017 年开始省政府部门逐步建立环境与健康风险监测体系
	主动公开污染信息	未形成制度化
	环境应急	（1）2016 年 5 月，制定《黑龙江省大气重污染天气应急预案》； （2）2017 年开始，探索开展企业突发环境事件第三方评估
	环保听证	暂无案例

续表

工具类型	具体政策工具	政策措施
标志认证	环境认证	暂无
	环境标志	2017 年 1 月 1 日，开始哈尔滨市首试点，停发机动车年度环保检验合格标志，改为机动车进行尾气检测，检测合格后核发安全技术检验合格标志

资料来源：根据相关政策文件整理所得。

（四）自愿型政策工具的使用情况

自愿型政策工具是指政府通过非强制性的手段影响受众群体的行为方式和价值观念，使之做出与政府部门步调一致的行动，从而采取主动改善环境质量的自愿行为。政府可以充分借助社会力量来促进雾霾污染的治理，节约资源成本，通过公众的监督和自愿协议有效实现环境保护，同时减少社会摩擦。

在雾霾治理过程中，自愿型政策工具主要包括环保投入和环境维权两类。其中，环保投入包括绿色出行、自愿协议、清洁生产等具体政策工具，而环境维权包括环保教育、环保建议、公众监督、公益诉讼等具体政策工具。黑龙江省政府部门在雾霾治理过程中具体使用的自愿型政策工具如表 4－4 所示。

表 4－4　　　　雾霾治理中自愿型政策工具的具体使用情况

工具类型	具体政策工具	政策措施
环保投入	绿色出行	（1）网络拼车，政府鼓励并规范私人小客车合乘； （2）2017 年 3 月，哈尔滨设立共享单车，1 小时内使用免费
	自愿协议	暂无
	清洁生产	（1）自 2011 年开始，全省每年定期表彰公告主动实施清洁生产审核的重点企业名单； （2）自 2015 年 4 月开始，政府部门汇编工作小组，重点排查挥发性有机物污染源排放情况； （3）自 2017 年开始，所有工程建设的施工现场必须设置全封闭围挡墙，达到防尘隔音效果

工具类型	具体政策工具	政策措施
环境维权	环保教育	(1) 2016 年，省政府开展环境教育"十进"活动，其中，"进学校"是重点； (2) 省生态环境厅官网中设立环境科普平台
	环保建议	省生态环境厅官网政民互动平台设置厅长信箱、咨询留言功能
	公众监督	(1) 2015 年，黑龙江省的海林市、佳木斯市、双鸭山市三市公开市级环境保护督查组举报电话，并落实举报处理流程； (2) 省生态环境厅官网政民互动平台设置投诉举报功能
	公益诉讼	暂无

资料来源：根据相关政策文件整理所得。

三、雾霾治理政策工具使用中存在的问题

（一）管制型政策工具未能达到预期的效果

从表 4-1 中可以看出，黑龙江省在雾霾治理过程中使用的管制型政策工具较多，在各类具体管制型政策工具应用下制定了详细完善的规章制度。在依靠政府强制力保证的实施下，管制型政策工具能够在短时间内取得一定的成效，但是，存在明显的管理不到位、实施成本高以及政策目标难以落实等问题。在环保治理具体政策工具的使用中，黑龙江省自 2014 年 10 月起出台秸秆"禁燃令"，在省内部分地区划定秸秆禁燃区，在全省范围内全面实施秸秆禁烧管控。甚至在 2016 年 11 月，黑龙江省肇东市为强制推行秸秆禁燃，对于野外私自燃烧秸秆的行为实行违规拘留及罚款的行政处罚。但是，至今黑龙江省秸秆野外焚烧的行为仍然难以得到有效管控。

如表 4-5 所示，在 2017 年 11 月初环保部卫星环境应用中心为期一周的秸秆燃烧火点检测中发现，全国 756 个燃烧火点中黑龙江省有 580 个，占比 76.7%，居于全国第 1 位，并且远超于第 2 名火点数为 66 个的山西省。

表 4－5　　2017 年 10 月 31 日至 11 月 6 日全国各省份
环境卫星监测秸秆焚烧火点情况

排序	省份	火点数（个）	火电强度（个/千公顷耕地面积）
1	黑龙江	580	0.0496
2	山西	66	0.0201
3	吉林	43	0.0086
4	内蒙古	27	0.0048
5	河北	17	0.0027
6	辽宁	6	0.0019
7	新疆	6	0.0027
8	甘肃	2	0.0007
9	湖北	2	0.0005
10	宁夏	2	0.0026
11	江西	2	0.0005
12	山东	1	0.0001
13	广西	1	0.0003
14	安徽	1	0.0002
15	河南	0	0.0000
16	海南	0	0.0000
17	湖南	0	0.0000
18	广东	0	0.0000
19	浙江	0	0.0000
20	陕西	0	0.0000
21	北京	0	0.0000
22	福建	0	0.0000
23	贵州	0	0.0000
24	江苏	0	0.0000
25	青海	0	0.0000
26	上海	0	0.0000
27	四川	0	0.0000
28	天津	0	0.0000
29	西藏	0	0.0000
30	云南	0	0.0000
31	重庆	0	0.0000
	全国	756（合计）	0.0067（平均）

注：本书不包括香港、澳门、台湾的数据。

资料来源：环境保护部卫星环境应用中心网站数据。

在环境监察具体政策工具的使用中，黑龙江省要求严控劣质煤的燃烧，但是，在2016年环保部大气污染的调查中，黑龙江省有16家燃煤企业因存在废气排放不达标的问题登上环保部黑名单。据调查，2016年，黑龙江省平均使用3000万吨能源利用率低、污染较为严重的褐煤，其中有一半以上数量的褐煤流入黑龙江省雾霾较为严重的中西部地区，这些褐煤的燃烧导致全省烟（粉）尘的排放量多出12万吨。[①]

在整改及关停具体政策工具的使用中，黑龙江省政府部门要求全省在2016年供暖前完成10蒸吨以上燃煤锅炉的改造和10蒸吨以下燃煤锅炉的淘汰工作。但是，在2016年底中央环保督察组的检查中发现，黑龙江省316台燃煤电厂产机组中有274台并未完成除尘、脱销、脱硫的改造，全省共有1263台10蒸吨以上的燃煤锅炉经过检测后发现其废气排放达标率仅为76.6%，而10蒸吨以下的燃煤锅炉淘汰率据统计仅为47.1%。[②] 在黑龙江省雾霾治理的过程中，许多具体管制型政策工具的使用并未能达到预期的效果。

（二）市场型政策工具运用不充分

黑龙江省在雾霾治理过程中对于市场型政策工具的运用并不充分，相关政策措施制定的不够完善。从表4-2中可以看出，黑龙江省在雾霾治理过程中使用的具体市场型政策工具主要包括税收、补贴、绿色信贷和排污收费等，而其他市场型政策工具使用比较少，并且环境保险和排污权交易工具的使用仅仅处于试点阶段。

为减少大气污染排放，黑龙江省在2014年时利用补贴的市场型政策工具，逐步推进尾气排放量大、浓度高、污染性强的黄标车进行淘汰，联合多个政府部门共同在各县（区）级行政服务中心的交警部门设立服务窗口，负责黄标车淘汰补贴领取的申请、审核、复核以及发放工作，但是，效果不容乐观。2015年1~11月，全国各地报送的黄标车淘汰量中，黑龙江省在全国31个省（区、市）中排名倒数第6位，完成比例为90.80%，低出了全国平均完成比例9.73%。而在2016年，国务院要求黑龙江省在

---

①② 作者调研所得。

年底淘汰全省范围内 13 万辆黄标车、老旧车，但是，截至 2016 年 7 月 4 日，半年的时间全省淘汰黄标车合计 17435 辆，仅占年度计划量的 24.9%，全省老旧车共淘汰了 15800 辆，这仅占年度计划初定目标淘汰总量的 26.3%。在半年时间内全省黄标车、老旧车的合计淘汰量为 33235 辆，任务完成率只有目标总数量的 1/4。到 2016 年 9 月底，三个季度的任务指标完成率也只有 58.5%。黑龙江省政府部门原计划在 2017 年中实现全省黄标车的基本淘汰，全省黄标车淘汰任务量为 56407 辆，并且各地市相继出台政策制度，明确了黄标车的补贴标准，但是，全省剩余黄标车大部分为个人所有的营运车辆，残值率较高，车辆所有人主动淘汰积极性不高，且按照现行黄标车报废时限统计，2017 年底前实际能够达到强制报废标准的黄标车仅有 1410 辆。[①] 大多数黄标车使用者反映，虽然政府部门制定了以黄标车类别、车型和登记时间为依据的淘汰补贴标准，但是，补贴的数额偏少，淘汰审核手续繁琐，审批流程时限较长。作为"经纪人"，黄标车的使用者在衡量利益后发现，继续使用现有的黄标车直至报废更为划算，黄标车淘汰的动力不足。

而对于提及多年的排污权交易市场型政策工具的使用尚处于摸索阶段，且这一手段还仅仅局限于使用在二氧化硫的排放治理中。排污权交易和有偿使用的制度以废气排放总量为控制标准，改变了原有以企业废气排污浓度为控制标准的管理。这实现了产权制度安排下资源的配置和转让，通过利用排污权进行交易以减少废气排放外部行为的发生，借助市场制度实现促进排污企业自主自动减排的激励作用。但是，黑龙江省在实际试点过程中，却存在因地区经济条件不同难以制定合理价格交易尺度的问题，并且在排污权交易这一政策进行推广规划时发现难以明晰排污权交易的边界和条件等问题。目前，黑龙江省以控制废气排放总量为基础的企业排污许可证制度始终没有落到实处，政策推进缓慢，且没有制定具体的差异化监管制度，排污权交易试点工作有待取得更好的进展。

---

① 《黑龙江省人民政府办公厅关于做好 2017 年黄标车淘汰工作的通知》。

（三）信息型政策工具应用领域狭窄

从表4-3中可以看出，黑龙江省在雾霾治理过程中对于信息型政策工具的应用比较少。在所有具体信息型政策工具当中，仅环境监测和环境应急政策工具使用得较多。应国家制度要求和社会公众的需要，现在黑龙江省政府部门对于实时监测空气质量和年度环境状况公报方面的工作进行得比较顺利，同时，重污染天气预警和应急预案工作也有比较好的进展。但是，对于企业主动公开污染信息和环保听证的信息型政策工具并没有得到较好的使用。在2014年时，环保部制定了《国家重点监控企业自行监测及信息公开办法》，但是，直至2017年3月，黑龙江省环保厅才出台了相关措施，要求省内国家重点监控的企业须主动向社会公开废气污染物的种类、浓度、标准等情况。但是，这些自愿主动公开的企业信息是否具有较高的可靠性尚未可知，政府部门并没有公开相关不定期抽查监督的情况信息，在企业主动公开项目的官方网站信息平台上也没有设置公众质询环节。而且目前在黑龙江省专门用于重点监控企业环境的自行监测信息发布平台上主动公开相关信息的企业仅有31家，但是，在2016年省环保厅入冬以来第三批公布的环境污染企业名单就有65所。因此，黑龙江省雾霾治理中主动公开污染信息政策工具的使用有待完善。

目前，黑龙江省政府部门已经建立了行政复议案件听证审查、定价听证和信访听证的工作制度，但是，尚未建立环保听证制度。而环保部早在2004年时就已制定了《环境保护行政许可听证暂行办法》，对此黑龙江省环保厅并没有具体的执行操作，仅仅只是转述了国家的相关规定。而环保听证制度是实际保护公民利益、切实保护环境、制定合理合法公共政策的基础，黑龙江省雾霾治理中环保听证的信息型政策工具有待得到良好的使用。

（四）自愿型政策工具影响力不足

从表4-4中可以看出，黑龙江省雾霾治理过程中自愿型政策工具的使用比较丰富，而且制定了比较全面的政策规定和措施，且注重政府与公民之间进行社会管理双向互动。但是，自愿型政策工具在具体操作使用过程中所实现的效果并不理想，重点企业清洁生产所进行的审核工作未达到应有的效果，公众切实参与环保监督的工作目标并没有真正落到实处，环境公益诉讼的主体并没有涵盖到一般社会组织和公民个人。清洁生产是在生产阶段即采取预防措施减少污染物的产生，改变了原有的末端治理机制，是实现节能减排最根本、最有效的举措。但是，黑龙江省的排污企业在实施清洁生产改造方面的积极性并不高，2016 年 6 月，黑龙江省有 27 家企业同意实施清洁生产审核并统一列入重点名单，这些企业在经过一个月的自主改造后，经过审查发现效果不佳。政府最终只能通过强制管理的手段推进企业进行清洁生产改造，但是，在审核过后，改进成果难以得到保持。企业清洁生产技术改造的过程中需要投入大量的资金，虽然，清洁改造后能够减少企业生产过程中的能源投入，有效提高产品的生产率，但是，这需要有先进的技术指导，仅依靠企业自身的能力改造难度大。对于这些重点污染企业而言，其经营目标就是获取经济收益，而在经济生产过程中进行污染治理就会提高经营成本，因此，生产企业在利润的驱动下往往会牺牲生态环境来增加经济收益。

黑龙江省生态环境厅在官方网站上专门设置了投诉举报功能，便于公众参与环保监督。但是，自设立以来仅在 2016 年 3 月和 4 月就收到了 6 条实名制投诉举报消息，每条消息官方予以回复的时间平均为 22 天，并且这 6 条投诉信息仅有 1 条切实得到了回应和解决。[①] 黑龙江省生态环境厅官方网站上社会公众投诉举报的功能并没有得到有效利用。2013 年，国家修改后施行的《中华人民共和国民事诉讼法》第五十五条中规定："对污染环境、侵害众多消费者合法权益等损害社会公共利益的行为，法律规定的机关和有关组织可以向人民法院提起诉讼。"这一规定并没有将公民个人列入环境公益诉讼的主体范围内，并且对社会组织的公益诉讼资格也有严格的限定，在实际执行中真正享有公益诉讼权的只有检察机关和几个特定的环保公益组织。目前，黑龙江省民事公益诉讼的案例仅有松花江特大污染案这一起，而案件中以自然物和自然人为主体的诉讼资格备受争议。在雾霾治理方面，黑龙江省至今没有环境民事

---

① 根据黑龙江省生态环境厅官网统计。

公益诉讼的先例。

四、雾霾治理政策工具使用中存在问题的原因分析

（一）雾霾治理过程中政府管控过多

政府依靠强制力治理雾霾，短时间内能够达到一定的效果，但不是长久之计。多中心治理理论认为，政府不应当在公共事务管理中成为唯一的主体，而黑龙江省政府的相关部门则在雾霾治理过程中扮演了过多主体的角色。政府管制过多，不利于市场和社会力量的调动，仅仅依靠政府自身的力量，在难以掌握全面信息的情况下，很难能够做出经济效率最高的治理决策，容易引发"政府失灵"的相关问题。在此情况下，政策标准的设定未必符合环境真正的要求，制度规范也难以形成最为有效的约束和激励，逃避监管漏洞的违规行为也就容易发生。黑龙江省秸秆禁燃屡禁不止，正是由于政府部门禁止农民野外燃烧秸秆，却没有为其提供合理有效的秸秆处理途径，政府干预不当，治理政策不能满足实际需求。对于农民而言，秸秆不燃烧便只能囤积在农田里，影响第二年春天农地里新庄稼的种植。政府倡导秸秆碾碎处理后还田或者作为牲畜饲料，但是，一方面，黑龙江省冬季漫长，碾碎处理的秸秆直接埋入地下难以腐烂，不利于新种子的生长；另一方面，作为牲畜饲料的秸秆，必须要经过专门的生化学技术进行加工，而这样的处理方式需要庞大的技术和资金的支持，单靠农民自身根本不具备这样的能力。政府不能够提供合理的秸秆处理途径，单纯靠强制性的行政处罚来遏制秸秆燃烧，治理政策自然得不到很好的执行。燃煤炉的淘汰可以采取强制的手段，但是，超标废气的排放和低质煤的燃烧却难以做到全面的监管，治理中存在低效率的问题。政府仅仅依靠自身的力量难以无时无刻监管到每一个企业的排污情况，一些排污企业利用监管漏洞在夜晚偷偷排放超标废气、使用不达标准的燃料。劣质煤在市场流通中为躲避监察而在原料和加工模具上造假，政府若想处处严密监察就需要投入大量的人力和物力，那么，在此过程中的行政成本将大大提高，同时增加了寻租的空间，易于产生政府腐败行为，雾霾治理中"政府失灵"的相关问题由此产生。

（二）现有市场机制发展并不成熟

雾霾治理市场型政策工具的选择和应用需要依靠市场这个中介来发挥作用，但是，我国现今市场机制的发展并不成熟，这类政策工具在使用过程中难以有完善的外部环境给予支持。在此情况下，许多市场型政策工具的应用都是在政府的干预下进行的，并非基于市场的交易，反而成为一种变相的行政手段。黑龙江省现有雾霾治理中，排污收费的市场型政策工具是以废气浓度为征收标准进行具体使用的，这并不是基于庇古税收思想理论指导下建立起来的收费制度，没有实现对于废气污染物总量的控制。而黑龙江省现阶段正在部分地区试点施行的排污权交易制度，则直接改变了排污收费制度设计上存在的缺陷。排污产权的设定突破了政府对企业排污的直接监管，利用市场手段降低了管理难度和管理成本，有利于减少企业外部污染行为的发生。但是，黑龙江省排污权的设定并不明确，现有市场机制下并没有形成完善的产权交易规则，导致企业排污管理同时在管制化和市场化两种治理手段下进行。在此情况下，废气排放监督治理工作呈现出一定的混乱，黑龙江省内这些地区所进行的排污权交易试点工作并没有取得很好的进展。此外，黄标车的淘汰工作迟迟难以达到预定的目标，这是因为补贴标准并没有在政府与公众之间达成共识。补贴金额达不到公平交易下的市场标准，相关办理手续繁琐且效率低下，黄标车的淘汰工作自然难以有良好的进展。

（三）企业环境信息公开动力不足

企业作为一个经济实体谋取最大程度的经济利益是其主要目标，常常难以尽到其应尽的环保责任，环境污染的外部性行为时有发生。相关企业欠缺主动公开污染信息的积极性，经常以"商业秘密"为理由拒绝对外公开企业污染方面的信息。加上现有环境信息公开的监管制度不够完善，政府也存在一定程度的包庇态度，使得黑龙江省各个企业环境污染信息公开的动力明显不足。许多企业热衷于公开自己社会捐助、社会贡献等方面的情况以营造良好的企业形象，但是，很少有企业会主动公开废气排放的情况、环境风险程度以及环保罚单等内容，环境保护的责任意识普遍淡薄。

地方经济的发展不应当以破坏环境生态为代价，以信息公开的方式促进企业实现节能减排和公众监督也就尤为重要。而现有政府规定中对于企业污染信息公开责任以及监督等规定的内容比较模糊，在具有相近或相同行业性质的企业中，环境信息公开是强制执行还是自愿执行的划分难以体现公平公正。对于企业自主公开的污染信息是否属实没有设定政府监察回馈环节，对于未按制度规定公开环境污染信息的企业，也没有制定相关的处罚制度。此外，地方政府为寻求经济增长有时会放宽环保规定，隐瞒相关污染事实。有的企业甚至为了寻求更高的经济利润与政府部门形成"利益联合"，为逃脱环保责任少交排污费等而出现寻租行为，使得许多环境政策的执行出现形式主义，最终将污染成本转移至社会来承担。因此，黑龙江省按时间、内容等要求严格公开环境污染信息的企业非常少，重大投资项目建设在开展前进行环保听证的企业也非常少。

（四）公众参与环境保护缺乏相应的法律保障

当大气污染越来越严重，雾霾问题切实影响到社会公众正常生活的开展时，舆论监督成为一种重要的公众参与方式，环保领域公众的话语权越来越重要。现今黑龙江省公众对于雾霾治理问题的关注度越来越高，并且有较强的意愿参与雾霾治理工作中，但是，公众参与雾霾治理政策制定以及雾霾治理监督工作的渠道十分有限，往往是以末端参与为主。因为在多中心的雾霾治理格局中，公众的力量十分薄弱，公众参与环保治理仍然是一种新生事物，社会公众参与雾霾治理存在范围局限性大、独立性弱的问题，并且具有明显的"自上而下"的特点。而要改变这些问题，就必须要有完善的法律来为公众作用的发挥提供良好的支撑，确保公众参与雾霾治理具备程序上的合法性。但是，现在关于公众参与雾霾治理方面的法律规定往往都比较笼统，缺乏实际的操作性。对于公民参与环保公益诉讼，包括《中华人民共和国环境保护法》在内的多处法律条文中均有规定，"一切单位和个人都有保护环境的义务，并有权对污染和破坏环境的单位和个人进行检举和控告"，但是，实际执行过程中公民参与环保诉讼并没有获得制度化的有效保障。黑龙江省生态环境厅在官方网站上开设了投诉举报和环保建议专栏，但没有得到很好的利用，网站回复效率低，公众环保建议得以利用的有效性不高，这样的设置更多地流于形式，制度化约束力弱，缺乏详细的法律程序和硬性规定来保障公民参与雾霾治理。

第三节　国内外雾霾治理政策工具使用的经验及启示

一、国外雾霾治理政策工具使用的经验

（一）英国利用市场机制调节企业排污行为

英国工业社会的到来带动了经济的高速发展，但是，与此同时也使得英国成为世界上最先出现雾霾问题的国家之一。在 20 世纪中叶，英国伦敦一度爆发了严重的烟雾事件，在连续四天的时间里，整个城市陷入瘫痪。也是自此之后，英国政府部门开始真正地采取强有力的制度措施和政策手段来治理雾霾环境污染问题，在这其中最值得借鉴的是政府利用市场机制来调节各个经济实体的排污行为。

政府部门首先对区域内的环境容量进行测度，按照各个经济实体的生产规模和生产能耗进行排放权的分配，然后利用环境税、废气排污权有偿使用、排污权交易制度和财税激励等经济杠杆，在雾霾治理中建立起一种竞争机制，促进雾霾治理中的各个参与主体相互制约，彼此主动改进生产环保行为，将区域内废气的总排放量控制在一定限度内。通过向化石、矿物燃料的供应者以及基建设施使用者、机动车使用者等征收环境税，将造成环境污染的社会成本转向内部化；通过设定企业废气排污权有偿使用制度和排放权市场化自由交易制度，将企业废气污染物排放及交易过程实现了合法化，并将环境经济权利与市场交易机制相结合，通过自由交易实现雾霾的低成本治理；通过奖惩结合的方式，对节能减排、清洁改造效果突出的企业给予一定的资金支持，充分发挥财税政策的市场调节作用。通过这些经济刺激的手段，调节企业的排污行为，鼓励各个企业主动增加环保方面的投资，进行清洁生产机制的改造。由此，企业排污行为不再是由政

府强制监察，而是由企业主动承担环境保护的责任，实现了雾霾的治理和企业生产同步发展。

（二）德国鼓励清洁能源和可再生能源的开发和利用

德国一直是一个工业强国，雾霾问题早在19世纪中叶就开始出现，但是，直至20世纪60年代，德国才认识到雾霾治理的重要性。为应对雾霾污染，德国政府花费了30年的时间，到20世纪90年代时，德国大气质量显著好转，经测量空气中所含二氧化硫的浓度和细颗粒物的浓度均远低于欧盟的限值。德国治理雾霾得益于快速应对的策略和长效机制的建立，清洁能源以及可再生能源的开发和使用，成为推动这个顶尖工业国家维持高标准空气质量的重要举措。德国为根治雾霾问题，减少污染性气体的排放，专门制定了以《可再生能源法》为主导的一系列的法规，实行能源转型计划。清华大学气候政策中心发表的报告显示，2012年，德国政府积极促进风能、太阳能、生物质能以及地热能等清洁能源项目的开发，政府在可再生能源研制方面的财政投资总额高达266亿欧元。德国专项清洁能源研发方面的专家认为，风能是各清洁能源中最为优质的生态净化资源。德国各联邦政府大力支持各地进行风力发电站的建设，并且经有关专家评估，在确保不影响生物群栖息迁徙的情况下，在临海中建立了大规模的海上风力发电站，为全国各地区提供了高达25%的全国所需电力。此外，德国政府制定了工程建设中太阳能使用的优惠政策，使得德国的太阳能广泛应用于路灯、指示灯以及房顶，由此，德国一度成为整个欧洲地区中对于太阳能利用程度最高的国家。德国还积极研发生物能源，利用木材和菜籽提取植物柴油，用以提供居民需要的电能和热能，同时支持农村地区利用沼气发电和沼渣、沼液的还田利用，并积极精进、加强技术，不断有效实现运行过程中的成本控制。现在，德国还积极开发地热能的使用，在人为调节的基础上利用地热进行发电。在德国政府以及企业的共同努力下，德国在可再生能源方面的发展已经迅速步入了世界前列。

（三）美国建立环境信息公开与环境公民诉讼制度

美国在20世纪初开始受到雾霾问题的困扰。1939年，美国空气能见度显著下降，1943 年时爆发了"洛杉矶雾霾"事件，烟雾笼罩各个市区，呼吸时明显的刺痛感引起了美国公民对于雾霾问题的广泛关注。而后在 1952 年和 1955 年中，美国先后爆发了两次"光化学烟雾"事件，由此彻底燃起了美国政府和公众的雾霾治理决心。随着越来越多的公民关注环境问题，美国联邦政府在 1963 年时出台了《清洁空气法案》，这是美国第一项应对雾霾问题的法律措施。美国政府部门在雾霾污染的治理过程中十分注重公民的参与，保证公民社会环境责任及权利的实现。政府部门通过法律制度明确规定，美国的公民在雾霾污染治理过程中享有充分的环境知情权和环境监督权。美国的《信息自由法》中规定，政府部门必须主动向社会公众公布政务信息，除法律规定的涉及国家秘密、商业秘密和个人隐私以外的一切政府信息，社会公众均有权知晓，这些信息包括政府主动公开的信息和依公民申请公开的信息。此外，美国环保部门制定的有毒物质排放清单制度中规定，任何一家企业当排放的有毒物质超过所允许的总量时，必须严格依照规定向所在州的政府环保部门提交企业年度生产的详细污染报告。报告中应包含企业生产污染物的产量、浓度、毒性、排放情况、限定标准以及社会影响等具体内容。美国的环境公民诉讼制度充分保障了普通公民得以充分实施环保法律的权利，这是公民得以有效实现环境参与的一种重要机制。环境公民诉讼的主体包括政府机关、企业、各类社会组织、社会团体以及公民个人，并且起诉人并没有限定为污染行为的直接受害人，扩大了环境公民诉讼的主体资格。与此同时建立起了包括公益法律援助、律师费转移支付等一系列的诉讼配套实施制度，对于胜诉的原告公共部门可以给予一定的经济补偿和物质奖励，以此来减轻公民在提请环境公益诉讼过程中所担负的经济压力，有效调动起公民在雾霾治理过程中的积极性。

二、国内雾霾治理政策工具使用的经验

（一）安徽省建立企业环境信用等级，设立激励约束措施

2014 年，安徽省环保厅颁布《安徽省企业环境信用评价实施方案》，开始在全省范围内推行企业环境信用等级评价工作，被评为不同环境信

用等级的企业则享受不同的政府优惠政策和管理办法，以此来强力促进排污量大、环境风险高的污染企业进行改造。企业环境信用评价工作的周期为一年，政府环保部门对所有企业实行计分违规评价，年度计分的满分为100分。评分的依据包括企业污染控制和清洁生产的水平、企业污染防治情况、企业生态保护情况、企业环境管理情况、企业环保工作的社会监督等几个方面的内容。企业环境信用评价分为四个等级，年度评价评分在95分以上的企业为环保诚信企业，评分在80分到94分的企业为环保良好企业，评分在60分到79分的企业为环保警示企业，评分在60分以下的企业为环保不良企业。被评为环保诚信和环保良好的企业可以享受专项环保资金申请的优惠政策，并且在环保评优创先活动中享有更多的政府支持。被评为环保警示的企业在申请各类专项环保资金时需从严审批，并且需每季度向环保部门书面汇报企业环境管理的整改情况。被评为环保不良的企业，环保部门将加大对其的环境监察力度，需每月向环保部门报送环境管理整改的计划及进度，并且暂停各类环保专项资金的申请资格。同时，安徽省政府部门还建立了专门的公共信用信息共享服务平台，平台中包括省环保厅、省财政厅、省工商局、省发展改革委、中国人民银行省支行在内的多个政府部门，环保部门将企业环境信用等级评价的情况发布在平台上，多个政府部门实现信息的共享，并对污染企业实行联合惩戒工作。

（二）山东省济南市推进大气排污权交易试点

山东省济南市是一个典型的燃煤消耗型城市，在雾霾污染十分严重的情况下，济南市推进了大气排放权交易试点。济南市内所有企业排放的废气污染物均实行总量控制的方法，并且政府部门详细规定了排污权有偿使用的详细规则及交易方案，目前，这一试点工作取得了显著的成效。济南市的排污权交易建设工作主要包括以下几个关键环节。一是排污权的核定，以济南市当前污染物排放总量以及经济产业发展情况为依据确定市污染物控制总量，以各个企业环境评价结果为依据确定济南市内各个企业的排污分配量和减排量。二是搭建排污权交易平台，交易平台中包括排污权信息系统和排污权交易两个大系统。在排污权信息系统中详细公布了每一个企业排污权的分配量、需求量、使用量、剩余量等信息。在排污权交易系统中设置了排污权电子竞价平台和企业间排污权市场交易平台。在排污权电子竞价平台上，政府可以在排污余量额度内开展网上竞价，报价最高的竞买企业可以购买余量转让标。在企业间排污权交易平台上，各个企业之间可以自由进行排污权交易，利用建立起来的市场机制进行资源配置。三是建立监测管理机制，环保部门在规范全市各个污染源排放口的基础上，建立污染物动态在线自动监测系统和各企业排污总量有偿使用财务系统，便于相关政府部门对全市排放权总量的变化情况实行整体调控和管理。四是建立完善的"激励—控制"约束机制，对实行污染源减排的企业给予一定的补贴，并制定了补贴价格、补贴方式的详细标准。

（三）河北省遵化市设定涉环保重大工程项目社会风险评估机制

河北省遵化市一直是省内的工业聚集区，交通运输制造业比较发达，但是，与此同时也带来了许多负面的环境问题，雾霾污染十分严重。而随着经济的不断发展和居民生活水平的不断提高，居民的环境保护意识不断提升，社会对环境的关注程度也不断加强。为减少全市重大工程类项目的建设中可能存在的社会风险，避免出现因环境问题而产生的冲突，2014年，遵化市建设了市、区（县）、街道（乡镇）三级社会风险评估体系。对于所有涉及环保问题的重大决策均需经过社会风险评估，所有涉及环保重大工程项目均需经过几个严格的程序步骤才可以正式投入建设。第一，科学规划工程项目的建设，实行工业园产业集群化，合理布局居住区、工业区和产业区的建设。第二，一切涉及环保重大项目的审批均需经过环境评价，要有专家进行专门的安全系数测量和可行性论证。第三，进行社会稳定性风险评估。评估的内容包括资金、征地及补偿、污染情况、污染影响、污染处理、生态环境保护、走访调查情况、突发群体性事件应急处理机制等几个方面的内容。第四，建立社会公众参与机制。工程项目的设计决策中应保证居民的知情权，项目评估必须要有居民代表担任工程排污监督员。第五，建立损害补偿机制，如若工程建设对周边居民正常生产生活的开展带来负面影响，必须对周边居民给予合理的经济或公共服务的补偿。

三、国内外雾霾治理政策工具使用的经验对黑龙江省的启示

（一）建立更为完善、具体、可操作的法律标准

完善的法律标准能够确保政策目标的实现，具体明确的规定能够避免在政策执行中出现混乱，可操作的法律标准有利于形成真正的法律规则。不管是国内还是国外雾霾治理政策工具使用的先进经验中，每一种政策工具的具体使用都能够对应建立完善、具体、可操作的法律标准，对于行为模式的设定和法律后果的规定都具有比较高的执行性和可操作性。安徽省所建立的企业环境信用评价制度中，就制定了具体明确的企业环境信用评分体系，划分出不同的信用等级标准，并与之相对应地设定了完善的优惠奖惩政策。黑龙江省在使用雾霾治理政策工具时也应当重视相关政策制定的可操作性，细化废气排放种类、总量标准以及治理限期的相关规定。对于地区废气排放总量的控制管理，细化相关控制指标，明确废气排放的标准，包括废气排放物的种类、排放量、流向、净化要求、处置方式等内容。对于废气违规排放限期整治的企业，明确限期整顿时限和整顿标准，并制定明确的清洁生产激励措施，鼓励重点企业自愿进行清洁改造。制定详细可操作的废气污染监督管理措施，对监督管理的主体、对象、内容、时间、计划、措施和惩处方式等给予明确规定，减少制度管理的漏洞。在地方政府的考核中，明确将雾霾治理情况作为考核指标之一，对于考核方法、评比方式以及奖惩机制、限期整顿的要求等制定明确的标准。

（二）将经济手段作为雾霾防治改革的未来方向

黑龙江省雾霾治理过程中已经使用了过多的管制型政策工具，但没有达到预期使用效果，采取的许多治理措施过多地依赖于政府强制力保障实施。但是，过多过久地依靠于强制力，政府行政体系的反应速度容易跟不上社会的变化。雾霾治理中高成本的行政投入未必能够有效地实现目标，因此，要有措施、有策略地进行市场引导以求获得更高效的治理效果。英国一直走在利用市场机制推进雾霾治理的制度前列，山东省济南市的排污权交易试点提供了一个较为完善的制度模式。根据市场所具备的客观规

律，通过价格、信贷、税收、奖惩等有效经济手段，形成雾霾治理的长效工作机制，有利于降低行政成本，破除末端治理的弊端，促使各个经济主体自动进行成本收益比较，主动实现绿色转型。提高煤炭资源使用的税率，提升煤炭生产及消费的成本，从而减少煤炭过度燃烧的问题，同时激励各个企业主动进行燃煤炉的改造和生产效率的提升。通过对工业用地价格的调整促进商业用地、住宅用地比重的提升，通过降低服务业的税赋引导更多的资源向服务业方面流动，以此调整黑龙江省的产业结构。加大对于排污费的征收力度，提高企业排污的成本，刺激企业主动进行脱硫脱硝的排污净化改造。加大对于清洁能源使用的补贴力度，推动更多的经济实体实现绿色转型，引导更多的社会资本进入绿色产业。设置企业废气排放产权及交易制度，借助市场机制来配置废气排放权，通过市场交易激发各个生产者节能减排的内生动力。市场公平竞争下才能够达到优胜劣汰的作用，真正淘汰落后低效的产能，实现雾霾治理的长效机制，促进经济社会的可持续发展。

（三）完善雾霾治理的公众参与机制

英、美等国家在雾霾治理过程中十分重视公民力量的参与。美国有许多著名的环保非营利组织，他们深入开展了许多环保领域的重大研究课题，与政府部门开展合作为雾霾问题的解决提供建议并进行监督。同时，美国政府部门非常注重对于公众环保意识的培养和提升，设立了完善的环境信息公开制度和规定，保障社会公众能够享有充分的环境知情权和政府决策参与权。美国许多环保方面的非营利组织，在提请的环境公益诉讼活动中都发挥着十分重要的作用。社会治理过程中曾有的数次国家空气质量监测标准的提高，均与社会公众借助司法途径对政府工作调整推动有很大的关系。河北省目前涉及环保重大工程项目的社会风险评估机制的设定逐步得到了完善，政府部门十分注重保障公民的知情权、项目审核的参与权以及公民对于环保违规行为监督举报的权利。对此，黑龙江省政府部门在雾霾污染治理的过程中也应当注重发挥社会公众的力量。通过环保宣传教育活动，提高公众的环保意识和环境权利意识，让更多的社会公民主动参与节能减排的环保工作中来，有助于提高社会公众对于政府部门进行雾霾治理政策实施的支持力度，减少政策在执行过程中存在的阻力和成本。增强政府雾霾治理政策制定以及涉及环保项目建设过程中决策的民主化，为社会公众提供合理的决策参与途径，提高雾霾治理决策的合法性和有效性。在这一过程中必须要建立具有制度化的公民参与机制，包括政府环境信息公开制度、信访制度、涉及环保项目的社会听证制度、环境公益诉讼制度等，明确公众参与的方式、程序、途径和范围等各方面的内容。

第四节　黑龙江省雾霾治理政策工具的优化对策

一、突出管制型政策工具的强制力作用

对于雾霾问题的治理，需要突破政府单一监管的模式，充分借助市场、企业以及社会公众的力量，简化政府直接管制，减少高投入、低产出的行政措施。但是，要突出显示那些借助市场机制直接调节不了的雾霾治理问题，提高政府在雾霾治理过程中管理的有效性和管制效率，建立完善的监管机制，加强对于劣质煤市场流通以及违规排污企业的监察。

（一）继续加大对劣质煤燃烧的监管

严格管控劣质煤的燃烧，需要完善煤炭流通市场中的监管，在煤炭的生产、流通、使用等各个环节中建立起合理的约束机制。在煤炭的生产环节，开展源头控制，对于本地开采以及进口的煤炭在上市流通前须经过严格的质量检测，达不到质量标准则不允许进行市场交易，减少高灰高硫成分的劣质煤炭在省内市场的流通。对于本地新开采出的煤炭如若检测不合格，需重新经过相关的技术进行洁净化处理。对于从国内和国外进口的煤炭如若检测不合格则立即退回，禁止运入省内销售。在煤炭的流通环节，加强煤炭市场经营秩序的规范整治，落实商品煤经营者的主体责任，构建系统的管理机构并制定完善的煤炭销售质量标准，实行商品煤质量保证制度和验收机制。商品煤经营单位在运营前必须取得营业执照，同时严格规

范经营执照的授予工作，加强对商品煤经营的人员配备、经营场所、财务记录、质量验收等方面的监督和管理。在监督检查中，销售不合格煤炭的经营场所给予严肃处理，对于无照经营的煤炭销售厂家必须依法取缔。确保市场上流通的商品煤符合质量标准要求，生产经营有严格的规章管理。在煤炭的使用环节，对燃煤企业经营行为进行严格的监管，包括燃烧煤炭的质量、燃煤锅炉改造以及燃煤烟气净化装置等各方面的配置是否符合标准和要求。对于在执法检查中存在使用劣质煤情况的企业，予以行政处罚并要求限期整顿。此外对于煤炭经营场地的选取，不能设置在生态功能区等环境敏感区域，城市中煤炭经营场地必须要建立相应的防风抑尘装置和封闭储存措施，推进煤炭使用的规范化，减少煤炭燃烧对于雾霾污染的负面影响。

（二）加强对违规排污企业的监察和处罚力度

完善相关监管机制，进一步明确企业法律责任，提高企业违法排污行为的成本，进一步提升黑龙江省雾霾治理政策措施的有效性，加大对企业废气排放的监察力度和违规排污企业的处罚力度。对于所有实行排污收费制度和排污权交易制度的生产企业，须按照以下的程序和标准进行严格的监管和检查。首先，完善监管方式和手段。采用定期检查和随机抽查相结合的方式，加大对各个排污企业的检查力度，并针对各个污染源建立企业档案，记录废气排放的监测数据。其次，加大违规排污企业的处罚力度。根据废气排放超标量、污染造成的损失以及违法行为持续的时间，对超标排放污染废气的企业进行行政处罚，并责令限期整改甚至关停。同时，在一定整改期限后进行整改检查，整改效果未达到标准的加重行政处罚力度。如若企业废气的排放给周边居民的生活环境带来负面影响和损失，则应对相关居民进行合理的损失补偿和赔偿安置。最后，严查伪造、谎报监测数据的行为。对于存在谎报申报内容、伪造监测数据、偷排废气污染物或者瞒报污染事故等相关情况的企业，要严格追究其环境保护方面的相关责任，并且行政处罚力度必须从重，形成震慑作用。处罚力度加大是进一步严格执法的标志和要求，能够利于改变原本存在的守法成本高、违法成本低的问题。此外，要加强和完善黑龙江省各地级市及区地方政府的环境责任，对于执法检查企业废气排放工作中存在执行不力、执法行为不规范、利用权力寻租的行政人员应当给予行政处分，情节严重的一并追究法律责任。对于地方废气排污总量超过既定指标的地级市及区，省政府部门应当暂停对于该区域内新建大气环保项目的审批工作，提高地方政府的雾霾治理责任意识。

二、发挥市场型政策工具的激励性作用

在目前实行的法律制度以及市场机制发展的基础上，充分发挥市场型政策工具的激励性作用，通过市场经济手段来实现对于雾霾治理中污染行为的调节，包括完善制度规则，健全企业废气排放权的政府购买及自由交易制度；对于农村秸秆综合利用的农户实行补贴和税收优惠的鼓励政策，优化秸秆处理机制；改进原有黄标车淘汰方式，实行"以奖代补"的政策措施，良好地发挥市场性政策工具的激励性作用。

（一）健全企业废气排放权使用制度和交易市场

黑龙江省现有的废气排放权交易制度还处于试点阶段，在价格交易尺度以及产权规则设定方面应当进一步明确，并且不应当仅限于二氧化硫的排放管理。对此，借鉴有效经验并根据黑龙江省的实际情况，建立黑龙江省废气排放权两级交易制度。首先，各地级市政府部门根据国家政策标准、地区环境容量和地区经济产业发展情况确定废气排放权的指标总量。其次，建立一级政企排污权交易制度。建立排污权交易平台，要求所有向环境排放废气污染物的生产经营者进行注册登记，并设置实名账户。政府部门对现有经营单位的排放量进行核定，以此确定各个企业的初始排放权，包括允许其排放的污染物种类和数量，由各个经营单位向政府购买。最后，设置二级企业间排污权交易市场。各个经营单位通过清洁生产和环保技术革新，减排后若有富余的废气排放量则可以通过排污权交易平台进行自由化的市场交易，出售给其他扩建生产的经营单位。这些自由交易活动全部通过排污权交易平台进行，充分保证了公开竞价和协议交易的原则。由此，黑龙江省废气排放量将作为一种产权设定下的社会公共资源，

利用市场机制进行高效配置，形成企业自主节能减排的激励作用。此外，政府部门还应完善这一过程中的废气排污权交易活动的风险控制和监督管理工作，完善配套立法和责任追究机制，并对企业排污行为进行严格的监测、记录和公开。实现对于排污总量进行控制的目标，明确制度定位，还要健全目前实行的排污许可证制度，进行企业排污许可制度的前置审批，对于新建和改建的企业必须先取得排污许可证再投入生产运营，且排污许可证有效期过后需重新进行申请。

（二）实行秸秆综合利用的补贴和税收优惠政策

尽管黑龙江省政府部门一直禁止焚烧秸秆，但是，农民们除此之外并没有恰当的处理途径，因此，野外燃烧秸秆的行为屡禁不止。对于此，黑龙江省政府部门应该改变原有的强制禁燃管制手段，实行秸秆处理的市场补贴政策，并通过税收优惠政策和科学技术支持的方式鼓励农民主动对秸秆进行综合利用。在此过程中秸秆的处理和补贴分为三个步骤：收集、回收和处理。首先，实行机械化的农田秸秆收集。随着农用科技的不断发展，现已研发出秸秆粉碎还田机、秸秆处理农机等机械设备，政府部门可以对购买秸秆处理农用机的农户进行补贴，鼓励农民购买和使用，对秸秆进行标准化、统一化、科学化的农田收集。其次，实行秸秆统一回收。对于东北的气候环境秸秆直接还田难以起到良好的增产效果，因此，需要在统一回收后进行多元化的利用。对于秸秆的回收，实行完全市场化的交易，交由专门的秸秆综合处理企业到村设点统一回收，回收的价格交由自由市场决定。自由化的秸秆交易既保证了买卖双方的利益，也减少了政府的管制成本。最后，在处理阶段建立秸秆肥料化、基料化、饲料化、燃料化的综合利用体系。根据现有秸秆处理技术，可以将秸秆进行一定的生化学处理，制作为有机肥、食用菌栽培的基料或者动物养殖的饲料。还可以通过压缩炭化处理将秸秆作为替代煤炭的清洁燃料使用，生物质燃料清洁度高、发热量大，是一种经济性的可再生能源。黑龙经省有巨大的秸秆资源，秸秆燃料化拥有极大的市场。但是，生物质燃料的生产近乎微利化运营，因此，政府应当给予秸秆综合利用税收方面的优惠政策，积极引导和培育黑龙江省秸秆生物质能源市场的发展。

（三）黄标车淘汰实行"以奖代补"政策

多数黄标车持有者反映黑龙江省现有的黄标车淘汰政策存在补贴少、步骤多的问题。对此改变原有直接对黄标车持有者进行补贴淘汰的方式，采取"以奖代补"的激励政策。以奖励这种间接补贴的方式来激发公众以及地方黄标车淘汰工作的积极性，包括地区奖励和个人奖励两种奖励政策，使补贴资金能够有效发挥杠杆作用，以此来加快黄标车及老旧车的淘汰速度。黑龙江省政府每年拿出上亿元的资金作为全省各地区黄标车淘汰的补贴资金，但是，即使总数额巨大，但当平均到每个地级市每一辆黄标车上时份额就少了。因此，在全省 13 个地级市和地区中，为最大程度发挥每一笔补贴资金的作用，必须科学性地分配，对于黄标车淘汰力度大、任务完成快的地区应当给予一定倾斜性的奖励。同时要完善配套的监督措施，杜绝出现地方政府谎报工作成果制造假业绩量的骗奖行为，做到奖得其所。此外，在个人奖励中，实行梯度补贴标准和购买新车的优惠政策。目前黑龙江省各地级市（地区）的政府部门已经按照机动车的类别、车辆类型和车辆初次登记时间，并根据辖区内实际情况制定了黄标车淘汰补贴标准。每辆黄标车都有强制报废的日期，对于自愿提前进行淘汰报废的黄标车可以享受较高额度的补贴，并享有购买新车的信贷优惠政策。而在规定的强制报废日期内进行淘汰的黄标车则领取较低额度的补贴标准，并且不能够享受新车购买优惠政策。将"以奖代补"市场型政策工具的使用作为激励手段，鼓励黄标车持有者主动提前进行淘汰报废工作，以减少高排放量、高污染程度的黄标车所产生的雾霾污染。

三、强化信息型政策工具的使用

各个雾霾治理主体之间信息的沟通和共享有助于构建参与式的民主体制，开放性的信息体系能够减少"政府失灵""市场失灵"问题，也是雾霾治理过程中多元主体共同参与和协同合作的基础。对此，黑龙江省应当建立专门的重点排污单位环境信息官方公开平台，以及建立完善的环保建设项目社会风险评估听证程序，解决雾霾治理过程中信息型政策工具使用的乏力及缺位问题。

（一）建立专门的重点排污单位环境信息官方公开平台

排污企业向社会公开污染信息，能够保障公民依法获知有关环境信息的权利，督促企业进行清洁生产和环境保护，也有助于社会信用体系的构建。政府部门应当建立专门的官方重点排污企业环境信息公开平台，所有列入国家重点企业名单的排污单位均需定期在平台上公开相关信息，包括企业的基本信息、排污信息、排污标准和防污染建设情况。其中，企业的基本信息包括单位名称、企业地址、法定代表人、联系方式等，排污信息包括主要污染物的名称、排放浓度、排放总量、排放方式、排污口数量、排污口分布情况等，排污标准包括排污浓度标准、排污量核定限度等，防污染建设情况包括清洁设施建设情况、清洁设施运行情况、环境影响评价机制、环境污染应急机制等，以此来接受社会的监督。同时，在平台上设立公众质询环节，并且要求企业必须在一定时限内对提问进行回复，对于属于职责范围内且实际存在的时间必须在一定时间内予以解决。如若企业未及时给予答复或者超过一定时间内并没有解决所存在的问题，公众则可以向政府部门进行举报。此外，政府部门要组织专门的执法检查队伍，不定期对企业公开的污染信息进行检查，确定所公开的信息是否属实，并对无故未按规定时间按要求公开环境信息以及谎报信息的企业依法进行处罚。而公开环境信息及时、准确，开展环保治理积极性比较高的企业政府可以公开进行表扬和奖励，以此为环保工作进行比较好的企业树立良好的社会形象，来激励排污企业能够积极主动地公开环境污染信息，并自觉接受社会的监督。

（二）建立完善的环保建设项目社会风险评估听证程序

对于黑龙江省内所有涉及大气环保问题的新项目，在建设前均应当进行社会风险评估和公众听证。社会风险评估是指政府和企业在正式审批允许重大涉及环保项目开发前事先进行的关于社会稳定风险情况方面的调查，如若有较大可能性对公众生产及生活的稳定性产生不利的社会影响，则不允许该项目投入建设。社会风险评估的程序包括以下几个步骤。首先，制定评估方案，明确所要评估的内容，包括是否符合政策要求、符合黑龙江省经济发展规律、符合多数群众的意愿、是否会对区域内群众的生产和生活产生不利影响、人力财力支持是否能够保证项目建设的持续性、是否易于发生影响力较大的群体性事件和矛盾纠纷。其次，通过走访、问卷调查、座谈会等多种形式组织对新项目进行社会风险的调查论证。同时，项目规划中必须要建立环境风险的预防机制，制定相关预案、规避措施、应急补救措施以及赔偿标准，保证意外情况发生时能够得到及时有效的处理。最后，确定风险评估等级并形成评估报告，评估报告中应包括风险分析、评估结论以及应对措施，并以此作为项目建设审批的重要决定意见，同时作为公众听证的公开信息之一。公众听证是指涉及环保项目在建设前应当告知合法权益人的听证权利，在听证会中由社会公众提出自己的意见和证据，并以此作为涉及环保项目可否投入建设的决定依据。公众听证中必须包括以下几个步骤。首先，通过官方网站、公告以及媒体等公众易于知晓的途径通知涉及环保项目建设中有利害关系的社会公众，并公开听证会的时间、地点、程序等。其次，在召开听证会时必须将项目建设的相关污染信息全面地告知利害关系人，并引入第三方评估专家在现场详述评估意见。最后，设置公众质询环节，公众可以就自己疑惑的地方进行询问，获取相关意见，项目建设负责人要进行现场答疑以及对抗辩论。听证程序要进行记录，听证的结果应当予以公开，作为项目建设的必要成立程序之一。

四、丰富自愿型政策工具的使用

在政府部门进行雾霾治理的过程中，企业单位能够自主推进环保以及公民积极自愿参与能够极大地减少政府政策目标推行实现的阻力，因此，必须要提高企业及公民个人参与雾霾治理的积极性和主动性。在黑龙江省雾霾治理自愿型政策工具的使用当中，鼓励重点企业积极开展自愿清洁生产审核，设立以社会公众为主体的环境民事公益诉讼制度，提高自愿型政策工具在雾霾治理过程中进行应用时所具备的影响力。

（一）鼓励重点企业开展自愿清洁生产审核

要从根本上减少企业生产过程中废气的排放，开展环保生产，必须要求各个生产企业从源头上开展清洁治理。国家要求以企业为主体，开展清洁生产审核，推进企业减污增效和产能升级，但是，黑龙江省清洁生产审核存在推进不力的问题，并且以强制手段为主。对此，应当采取一定的激励措施促进企业自愿开展清洁生产审核，包括资金补助、政策扶持、监督管理以及项目审批等，要推动企业自主性主动实现节能减排降耗的政策目标。对于自愿进行清洁生产并通过审核的企业，则可以享受到银行等金融机构的激励性优惠政策措施，获得绿色信贷的融资资格。通过清洁审核的企业可以免除企业排污许可证的年度检验要求，减少常规环保检验的频率和程序。此外，还可以获得进行新项目的验收和审批的优先资格，享有行政服务的绿色通道，且项目审批的程序可以得到简化。此外，对开展自愿清洁生产审核取得良好成果的企业，可以向社会公示，创建环保模范企业，为其提高企业的社会形象。实行企业清洁生产涉及企业具体的生产过程和技术，对企业内部行为进行强制改造实施难度比较高，虽然会有一定的成效，但是难以调动企业的积极性。而推进企业自主自愿进行清洁生产审核，既减少了政府开展相关工作的难度，又极大地提高了清洁生产的实际效果，真正实现了社会资源利用率的有效提高，有助于促进企业实现节能减排，从而有效改善雾霾问题。

（二）设立以社会公众为主体的环境民事公益诉讼制度

社会公众作为环保部门以及排污企业的第三者，有权利在雾霾治理中充分发挥自己的参与权，同时，这也是雾霾治理政策得以有效实施的重要条件。公民参与环境公益诉讼的活跃程度是环境法是否得以良好实施的重要标志，环境公益诉讼纠纷得以合理解决也是对相关社会关系和环境公益价值的调整。黑龙江省现今实施的环境公益诉讼制度需要从以下两个方面进行完善：一是扩展现有环境公益诉讼的主体，将社会公众明确纳入环境民事公益诉讼主体中，切实保障公民相关权利；二是支持并鼓励公众进行环境公益诉讼，与此同时要制定相关配套鼓励措施。扩大环境公益诉讼的主体范围，不仅要保障特定的社会组织、人民团体和行政机关对于违法排污行为提起诉讼、维护合法权益的权利，任何公民个人、法人及社会组织都可以提起诉讼。同时，起诉人资格的设定可以与违法排污行为没有直接的利害关系，如若存在社会公众公共利益受到损害的事实，或者只要存在公共利益有受到侵害的可能性，那么，任何一个公民、社会组织、人民团体和行政机关均可以对相关责任主体提起诉讼。此外，在环境民事公益诉讼制度中对起诉人设置诉讼活动奖励机制，提高公民参与环境公益诉讼活动的活跃程度。作为具有强烈正外部性的环境公益诉讼，这一公共活动其受益人不仅仅是起诉方，而是更大范围内社会中不确定的多数人，如果所有的环境公益诉讼费用均由起诉人独自承担，违背社会公平的原则，不利于调动社会公众参与环境保护的积极性。因此，如若起诉人是公民个人或者社会组织，当起诉人胜诉时，可以给予一定的奖励或者采取诉讼费用转移给排污企业支付的制度，以此来减轻公益起诉人起诉中的经济负担，同时鼓励更多的公民有更高的积极性参与环境民事公益诉讼制度中。同时，还可以设置公益法律援助制度，例如设立公职律师，由政府进行财政拨款，专门提供环境民事公益诉讼的法律援助，减少公民在诉讼过程中易于遇到的困难，切实保护公民行使环境权的基本权利。

第五章

基于大数据的生态治理
政策工具选择

在一段时间内，河北省经济的快速发展，是以环境质量的每况愈下作为惨痛代价的。而经济增长和生态环境的耦合关系无疑又令严峻的环境现状成为制约河北省经济发展的主要因素。河北省作为中国的矿产资源大省，同时还担负着钢铁、建材、火电、石化、采掘等繁重的重工业生产任务，导致河北省的能源消耗量较高，工业污染排放量巨大，所承受的生态环境压力与日俱增。生态环境问题已然成为制约京津冀协同发展的主要因素之一。因此，生态环境的治理与保护是必不可少的。党的十九大报告中，将"美丽"首次写入强国目标，生态文明建设被提上前所未有的重要位置，报告在2035年的奋斗目标中明确提出，生态环境根本好转，美丽中国目标基本实现。因此，如何改善河北省日益严峻的生态问题、抑制恶化的环境趋势，走出一条经济可持续发展与节能减排绿色生态双赢的道路，是京津冀协同发展这一重大国家战略的重中之重。

生态环境作为纯粹的公共物品，存在着非竞争性、非排他性等一系列的外部性特征。要解决环境的外部性问题，主要需要依靠政府的积极干预，出台相关的环境政策。研究证明，环境政策工具的选择应用过程关系到环境政策结果的优良与否。而河北省近几年的环境质量改善情况仍不太乐观，究其原因，是因为环境政策工具的选择主体单一，缺乏合理性、科学性、组合性，没有顺应时代的潮流把握住机遇，依然依靠传统的经验决策进行环境政策工具的选择，没有追溯深层根源的影响因素有针对性地解决河北省的环境问题，由此导致了环境治理效率低下。特别是在交织、融合着经济发展、政治目标复杂的生态环境背景下，河北省缺少一套科学完善的环境政策工具选择方法。

伴随着信息时代的到来，中国社会已经进入飞速的互联网数据时代，"大数据"时代应运而生。这不仅加速了人们获取信息的速度，为人们的生活方式提供了便捷，同时也影响着国家治理的综合环境。互联网使国家的治理环境加倍复杂化，这大大冲击了中国原本较为单一的传统治理模式，包括生态环境治理模式。大数据可以驱动组织，产生群体智慧，实现互动，提高生产率，所以可以驱动城市增加神经感知，预测疾病，干预社会网络，实现智慧管理效果（余敏江，2020）。根据技术发展趋势，2020年前后，第五代移动通信技术（5G）的应用趋于成熟。随着5G的到来，数据变成了网格化、平面化的信息传输，云网协同、云端协同或者全网智能使万物互联、全景覆盖、信息共享、智慧互动成为可能。这样，智慧社会将作为继农业社会、工业社会、信息社会之后的一种更高级的社会形态加速到来（徐晓兰和李颋，2018）。在"绿水青山就是金山银山""像保护眼睛一样保护生态环境，像对待生命一样对待生态环境""生态兴则文明兴、生态衰则文明衰"等环境话语的导引下，在环境保护部2016年3月出台的《生态环境大数据建设总体方案》和生态环境部2018年4月发布的《2018—2020年生态环境信息化建设方案》的政策支持下，"5G＋大数据"的逻辑强制力必然带来新一轮的环境治理变革，催生出一种新的治理方式。传统河北省环境政策工具的选择方式和过程早已无法适用于当前的政策环境，长此以往更会进一步加剧环境政策工具选择的低效性和不合理性，甚至导致河北省的生态环境进一步恶化，不利于美丽中国强国目标的实现。因此，环境政策工具的选择过程亟须一种新的突破和完善，亟须一种新的手段来打破现有的格局。大数据时代的来临为河北省环境政策工具的选择带来了全新的机遇。通过大数据手段，对环境污染状况实时监控、预测，打破传统存在的信息壁垒，多渠道、广泛收集环境相关数据，分析影响环境恶化的多方因素，对环境污染成因追根溯源、细化分析，科学地选择合适的环境政策工具来遏制污染，从而减少环境污染的发生，提高生态环境治理的效率。

第一节 基于大数据的环境政策
工具选择的理论基础

一、研究目的与意义

在京津冀区域协同发展的背景下，河北省的生态环境治理在改善京津冀总体环境质量中发挥着决定性的作用。本章基于大数据的视角对河北省环境治理政策工具领域进行研究，进而进行环境政策工具的选择，研究内容具有时代性、科学性和精准性。

本章是在日益复杂的社会背景下，力求摆脱传统单一的经验决策模式，同时打破环境政策工具选择的固有思维，抓住"大数据"时代所能带来的机遇，探索出一种基于大数据的科学决策方式，为河北省选择精准的环境政策工具，探索出以大数据为技术支撑和理念的政策工具选择路径。

环境政策工具作为将环境政策意图转变为实践可操作的手段、方法、机制，对于环境治理的成效有着举足轻重的作用，而如何顺应时代趋势，选取合适的方式来使环境政策工具的选择更具有针对性、科学性、精准性，对于环境政策意图的实现具有更为深远的意义。

（1）理论意义。环境政策工具的选择是当前环境治理领域中一项新的研究内容，研究成果相对较少，应予以重视。主要体现在两个方面：一方面，通过深入分析当前复杂的生态现状以及与经济发展的耦合关系，特别是对环境污染的特征、环境政策工具选择的问题和原因等因素进行深入分析，充分结合公共政策工具理论和制度理性选择理论提出环境政策工具选择的方法建议，为今后环境政策工具选择探索恰当的理论支撑；另一方面，将大数据的相关理论同环境治理政策工具选择过程结合起来，将大数据作为元工具贯穿环境政策工具选择过程中，为环境治理的创新性提供新的理论支撑，对于丰富环境政策工具选择的相关理论具有重要意义。

（2）实践意义。随着信息技术时代的到来，大数据为环境治理领域的发展带来的新机遇，对提高河北省环境政策工具选择效率具有较大的实践意义，主要体现在两个方面：一方面，通过详细分析河北省环境自身的特点以及其面临的挑战和问题，进一步探究河北省的环境政策重点及倾向，并与新时代的工具紧密结合起来，提升了河北省环境政策工具选择的科学性、前沿性、精准性；另一方面，运用"大数据"所带来的技术和平台来探索如何精准地选择环境政策工具，有助于河北省提升环境质量、减缓环境压力。通过研究河北省基于大数据的环境政策工具选择路径，为其他省份关于该领域方面的创新提供借鉴。

二、国内外研究现状

（一）国外研究现状

1. 环境治理的基本理论

20世纪四五十年代以前，自然资源在人们眼中是取之不尽、用之不竭的，因此，从未考虑节约保护等问题。从历史来看，工业化国家在实现现代化的过程中普遍出现过严峻的环境问题，其道路由20世纪七八十年代为代表的"先污染，后治理"的末端治理理论发展到90年代中期后的循环经济理论和合作型环境治理理论。

早期的环境治理理论为末端治理理论，主要包括庇古理论和科斯定理，以及后来发展的环境库兹涅茨曲线理论和外部效应内部化理论，庇古理论和科斯定理都是市场型环境政策工具的理论基础。而进入90年代，持续发展理论表明了"先污染、后治理"的经济发展战略已经穷途末路，动态地寻求环境与经济的协调发展战略则导致国家对清洁生产的支持，循环经济理论和合作型环境治理理论应运而生。各种环境政策工具无不是在特定的历史条件下产生并发展起来的，于是，古典经济学的资源静态边际配置原则在这一领域得到了充分应用，帕雷托最优化原则也被作为重要分析工具加以应用。与此同时，成本效益原则、社会成本原则、影子价格体系等原则也成为环境政策工具的衡量指标。

2. 环境政策工具的种类研究

环境政策工具的分类是指运用既定的标准，对较为抽象、综合的环境政策工具作出的详细划分。环境政策工具在分类上往往差别不大，目前，国外大部分学者均倾向于从环境政策发挥作用的主体性角度和各种政策工具的强弱性特征来划分环境政策工具，主要对环境政策工具采取二分法或者三分法，二分法即命令控制型和市场化工具，国际上比较有影响的分类方法有政策工具三分法，即直接管制、经济手段（或市场机制）和劝说式手段（Meynaud & OECD，1961），还有学者将环境政策工具分为利用市场、创建市场、环境管制三类。《里约之后的五年：环境政策的创新》报告按照"运用环境规章""创建市场""运用市场""动员公众"等出发点对环境政策工具进行分类（Cruz et al.，1997）。随着新时代的到来，逐渐又增加了新型的环境政策工具——信息工具。

3. 环境政策工具选择的影响因素

环境政策工具的选择不止一种研究范式，迄今为止最为常见的就是经验研究。经验研究首先需要解释工具选择过程中的前后影响因素，并将其作为参考数据纳入今后的政策工具选择中，因此，关于政策工具的影响因素探究是很重要的。环境政策工具的选择首先同各国的制度、政策环境有很大相关性，国情不同，对于环境政策工具的选择偏好也不同（Weiss et al.，1999）。索马纳坦等（Somanathan et al.，2006）认为，环境政策工具的选择主要包括以下几个因素：环境政策工具的效率、信息获取程度、市场条件、成本等一些政治心理以及国际环境问题，由此看来，西方学者大多强调的是影响环境政策工具选择的环境条件、效率、意识形态等方面，可以作为我国政策工具选择的借鉴，但仍不够系统和有条理。

4. 大数据在环境治理领域的研究

大数据首先起源于美国，因此，大数据在美国的应用程度一直以来都走在世界前列。在环境治理领域，美国环保局（2002）执法守法历史在线系统便向公众公布环境执法和守法信息，进行环境数据的互通建立。美国环保局环境信息办公室（2011）借助信息管理模型构建了环境信息生命周期框架，包括 7 个主要环节。美国环保署发布了一款生态地图网络交互式工具——环境地图集（Enviroatlas，2014），该图集提供丰富的环保资源，并提供生态系统咨询服务。尽管美国的大数据在环境领域应用较为超前，但大多都是数据库的建立整合以及环境监测预警，针对环境政策工具合理选择方面还没有成型的研究。

（二）国内研究现状

1. 环境治理的理论研究

王宏斌和陈一兵（2005）概括了全球环境治理的基本原则，即国家环境主权原则、共同但有区别责任原则、风险预防原则和国际合作原则，并认为这些基本原则对于全国环境治理有着重大意义。陈海秋（2010）归纳了我国现阶段的环境治理模式，即"合作参与多元化综合治理模式"。李妍辉（2011）认为，以管理为主导的政府垄断模式向多元主体共同参与的治理模式的战略转变是我国政府环境责任发展的新趋势。于满（2014）将埃莉诺·奥斯特罗姆的多中心理论、奥斯特罗姆的自主治理理论、社会资本理论与现今公共环境治理问题相结合，构建了多中心管理主体模式，并引入我国黄河水污染治理作为例证。

2. 环境政策工具选择的影响因素

宋英杰（2006）认为，环境政策工具的影响因素有制度、技术等多种因素制约，并论证了当环境经济手段面临着技术、制度的制约时，尽管看起来成本不高，但难以实施，优越性难以体现，因此，这时选取命令型环境政策工具可能会更为恰当。刘环环（2009）提出一种更加系统的政策工具选择影响因素分析框架，从社会综合因素、社会主流意识、社会机构、工具本身四个方面来理解环境政策工具的影响因素。陈振明等（2009）认为，影响政策工具选择的因素主要有目标、工具自身的属性、工具选择的环境、组织路径等。王琳琳（2013）认为，影响政策工具选择的主要变量可以总结为法律保障、环境管理体制的约束、市场经济的发育程度和社会因素四个方面。还有学者将政策工具的影响因素分为外部影响因素和内部影响因素。

3. 大数据在环境治理领域的应用研究

尽管大数据在城市环境治理领域方面研究并不成熟，但在我国的某些城市已开始建设环保大数据、环保物联网等，开始进一步研究、挖掘大数据在治理环境领域的应用。罗庆俊和游波（2014）阐述了重庆市构建的全市一体化的环保物联网，实现向更加精细科学、智能高效管理模式的转变。熊德威（2015）分析了新常态下贵州省大数据产业发展面临的新机遇，同时论证了贵州省环保大数据建设与应用的重要性和必要性，并详细介绍了贵州省环保大数据的基础能力建设、"数字环保"建设及"环保云"建设等项目。杨昌德（2015）对贵州省发展环保大数据的意义和下一阶段的大数据环保的重点任务做了梳理。檀庆瑞（2015）以广西壮族自治区实践为基础，提出了建设环保大数据的"五个一工程"，构建起环境预警预测、监控监管、决策指挥的信息化体系来实现对环境资料的高效利用。陈武权（2017）对江西省环境大数据平台的建设、环保信息化的现状进行阐述，将环境大数据平台建设分为两部分建设：一是环保大数据资源中心建设；二是环境大数据应用系统的建设。

（三）国内外研究现状简析

大数据在各领域的应用已经成为当下的热点，环境领域由于其数据的广泛性和分散性、环保设施的滞后性等大大阻碍了环境治理政策工具选择的科学性、合理性，扁平化数据信息时代的到来优势大大凸显，大数据在未来的发展前景不可限量。数据的价值最大化不仅仅是企业的追逐目标，也为政府环境治理提供了新的模式和机遇，因此，至今研究的热度居高不下。而生态环境治理是现阶段摆在我们面前的紧迫课题，早期的"先污染，后治理"的末端治理理论早已不适应当下严峻的生态环境，循环经济理论和合作型环境治理理论研究已相对成熟，将作为主流理论引导着环境治理的方向。在生态环境日益恶化的今天，亟须一种与现代社会相适应的新的方式和技术来助推政府生态环境的治理，目前，大数据在环境治理领域的研究仍不够深入，相关文献较少。

一是大部分学者只是对环境政策工具的分类、特性、原则、影响因素方面进行研究，而针对环境政策工具具体如何选择，选择方式和路径较少进行研究。

二是部分学者只提出了大数据与环境治理实践的理念结合，或者和环境政策制定结合，没有将大数据和环境政策工具选择联系起来，没有对于如何运用大数据进行环境政策工具的科学选择进行进一步研究。

三是大数据和信息型政策工具的混淆，大数据并不能和一些学者所论述的信息型政策工具画上等号，信息和数据的区别是，数据更为原始，而信息则是加工后的数据，可能会失真、变得不再具有客观性，加工后的数据——信息总是会倾向于政策制定者的真实意图，因此，上述学者提出的信息性政策工具主要体现在环境信息公开、对公众诉求受理、答复、政策制定等方面，范围较为狭窄，同时也具有很大的局限性，假如当信息的处理过程被政策制定者的目的性侵染，最终受影响的政策选择也将缺乏公正性。而大数据的特点是真实性、广泛性，可以作用参与环境政策制定、环境政策工具选择、环境政策执行、政策评估、效果监督的每一个环境政策过程中，因此，我们在政策工具选择过程中需要保证数据的原始性、真实性，从而使工具的选择更科学、更准确。

四是国内学者对于环境政策工具的研究大多停留在国家层面上，对于有着区域性特点的地区政府环境政策工具选择过程的研究寥寥无几。

由以上分析可见，大数据在环境治理政策工具选择方面还没有被深入挖掘。因此，进一步探索大数据在政府环境政策工具选择中的应用是未来环境领域研究的热点所在。

第二节　河北省生态环境政策工具选择现状及问题分析

一、河北省生态环境的现状

河北省的产业以钢铁、建材、火电、石化、采掘、冶金为主，多样的工业产业尽管为河北省的经济发展建设做出了卓越贡献，但由于一些能源、产业结构尚不合理，导致了河北省的生态环境现状岌岌可危。河北省作为京津冀一体化区域内污染最为严重的地区，其生态环境的恶劣已经严重制约当地乃至北京、天津等地区的协同发展与绿色建设，了解目前河北省的生态环境现状并分析其原因，是科学选择环境政策工具的基础。

（一）大气环境现状

河北省的大气污染现状在全国一直是"名列前茅"的。2018 年 1 月 10 日，国际环保组织绿色和平与上海闵行区青悦环保信息技术服务中心联合发布《2017 年中国 366 个城市 PM2.5 浓度排名》，其中，全国 366 个城市 PM2.5 年平均浓度最高的前 10 座城市中，河北省有 5 个城市榜上有名，分别为邯郸、保定、石家庄、邢台和衡水，河北省其余的省份也大部分均在全国 PM2.5 年平均浓度前 50 座城市之内（见表 5 – 1）。

表 5 – 1　　　2017 年全国 366 城市 PM2.5 年平均浓度排行（前 10 座城市）

排名	城市	2017 年 PM2.5 年平均浓度 （微克/立方米）	省份
1	邯郸	86.1	河北省
2	保定	84.8	河北省
3	安阳	82.6	河南省
4	石家庄	82.2	河北省
5	邢台	81.0	河北省
6	衡水	77.2	河北省
7	焦作	75.7	河南省
8	聊城	73.4	山东省
9	郑州	72.0	河南省
10	菏泽	71.3	山东省

注：由于 2016 年 366 个城市 PM2.5 年均浓度数据未公开，故本部分采用了 2017 年数据。
资料来源：国际环保组织绿色和平。

河北省作为全国 2017 年 PM2.5 年平均浓度前 10 座城市中上榜最多的省份，可见其大气环境污染的严重程度。河北省省会石家庄市 2017 年 PM2.5 年平均浓度高达 82.2 微克/立方米，其他几个城市邯郸、保定、邢台、衡水的 PM2.5 年平均浓度则为 86.1 微克/立方米、84.8 微克/立方米、81.0 微克/立方米、77.2 微克/立方米，均在 75 微克/立方米之上。世界卫生组织（WHO）的空气质量标准为 PM2.5 年平均浓度小于 10 微克每立方米，而河北省的 5 个城市 2017 年的 PM2.5 年平均浓度约为 WHO 空气质量标准的 7 ~ 8 倍，河北省已经成为大气污染的重灾区。

表 5 - 2 筛选了 2016 年全国 10 个具有代表性省份地区的废弃污染物排放情况，统计局所统计的大气污染物主要包括三种类型：二氧化硫、氮氧化物及烟（粉）尘。河北省三种类型的污染物均超过 70 万吨，其中，二氧化硫排放为 78.94 万吨，在全国各省份的二氧化硫排放中居第 2 位，约为全国二氧化硫平均排放水平的 2.1 倍；氮氧化物排放为 112.66 万吨，在全国各省的氮氧化物排放中居第 2 位，约为全国氮氧化物平均排放水平的 2.5 倍；烟（粉）尘排放最为严重，高达 125.68 万吨，在全国各省份的烟（粉）尘排放中居第 1 位，约为全国烟（粉）尘平均排放水平的 3.8 倍。

表 5 - 2　　　　　　　2016 年主要省份废气污染物排放情况　　　　　单位：万吨

地区	二氧化硫	氮氧化物	烟（粉）尘
全国	1102.86	1394.31	1010.66
北京市	3.32	9.61	3.45
天津市	7.06	14.47	7.81
河北省	78.94	112.66	125.68
山西省	68.64	67.28	68.15
内蒙古自治区	62.57	64.53	59.90
辽宁省	50.77	61.53	64.91
吉林省	18.81	30.07	21.87
黑龙江省	33.82	53.97	44.71
江苏省	57.01	93.03	47.17
浙江省	26.84	38.04	18.23

资料来源：《中国统计年鉴》（2017 年）。

这些大气中污染物的来源广泛，多来源于重工业的生产加工。夏玉森通过建立模型，实证分析得出了河北省大气污染物的具体行业来源。其中，废气的污染大户有电力、热力生产和供应业；金属冶炼及压延加工业；非金属矿物制品业；造纸印刷及文教体育用品制造业；石油加工、炼焦及核燃料加工业等。通过测算各行业对于废气中污染物的直接产污系数，可得出电力、热力的生产和供应业对于二氧化硫、氮氧化物及烟（粉）尘排放均位于全省第 1 位，金属冶炼及压延加工业对于二氧化硫的排放位于全省第 2 位，非金属矿物制品业对于氮氧化物、烟（粉）尘的排放位于全省第 2 位，非金属矿物制品业对于二氧化硫的排放位于全省第 3 位，金属冶炼及压延加工业对于氨氮化物、烟（粉）尘的排放量在全省中为第 3 位。

（二）水环境现状

河北省目前水环境质量不容乐观。河北省属华北平原，但平原内的大多河流均已断流，河流的水质情况堪忧，总体为中度污染以上。由于河北省西部临太行山脉，绿色植被较为旺盛，因此，河北省山区河流的水质总体能达到基本水质要求。而位于海河流域下游的平原河流污染较为严重，并且基本干涸。同时，河北省的地下水开采严重，导致水位严重下降，地表的污水渗透较为严重，河北省的局部地区地下水已出现重金属超标、有机物污染的状况。2017 年 4 月 19 日，新闻播报的"河北境内超大污水渗坑"事件，已引起环境保护部和河北省政府的高度重视，河北省等地发现170000 平方米超级工业污水渗坑，经调查应该是工业污水，废水呈锈红色、酸性。但在河北黄骅、沧州、石家庄等地都发现了大量的渗坑，涉及钢铁、化工、皮革、金属加工等行业，渗坑周围大多是粮田，由于渗坑的面积大、存放时间长，因此，对当地的地下水、土壤都造成了长期且严重的污染。[①]

人类的日常活动所造成的生活废水、工业生产活动所排放的工业废水、农业种植浇灌活动所产生的农业废水中均含有大量有害化学物质，这些有害的化学物质大大影响了水的使用价值，污染了生态水资源的质量，对人类和其他物种的生存环境造成了严重的危害。表 5 - 3 为 2016 年全国部分省份的废水中含有的主要污染物排放量。

---

① 河北等地现多处污水渗坑 环保部赴现场调查 ［EB/OL］. 搜狐新闻，2017 - 04 - 19.

表 5 - 3   2016 年全国部分省份废水中主要污染物排放量
(10 个代表性省份)

地区	废水排放总量（万吨）	废水中主要污染物排放量								
		化学需氧量（万吨）	氨氮（万吨）	总氮（万吨）	总磷（万吨）	石油类（吨）	铅（千克）	汞（千克）	六价铬（千克）	总铬（千克）
北京市	166419	8.71	0.56	1.86	0.07	20.8	19.5	1.3	55.3	69.4
天津市	91534	10.33	1.56	2.39	0.16	38.5	155.4	53.5	55.5	274.0
河北省	288795	41.12	6.15	8.31	0.55	554.5	333.6	33.1	2084.5	4707.2
山西省	139291	22.71	3.26	4.49	0.34	447.3	76.8	5.5	21.8	145.4
内蒙古自治区	104696	16.95	2.13	2.80	0.15	237.9	2066.6	19.8	45.7	107.8
辽宁省	228202	25.82	5.14	7.19	0.28	320.1	81.2	2.2	87.7	845.8
吉林省	97073	17.74	2.32	3.39	0.25	323.7	219.4	5.4	64.1	116.8
黑龙江省	138335	29.63	4.37	6.07	0.32	174.0	31.1	10.3	61.0	116.4
上海市	220759	14.75	3.84	6.51	0.32	512.9	213.7	13.7	595.6	1773.2
江苏省	616624	74.65	10.28	17.02	1.13	559.6	739.0	2.8	1921.9	6540.3

资料来源：《中国统计年鉴》（2017 年）。

同样，从 2017 年的《中国统计年鉴》中抽取了 10 个比较具有代表性的省份废水中主要污染物排放量。其中，河北省 2016 年的废水排放总量为 288795 万吨，居全国第 8 位；化学需氧量排放为 41.12 万吨，居全国第 12 位；氨氮排放 6.15 万吨，居全国第 9 位；总氮排放为 8.31 万吨，居全国第 9 位；石油类污染物排放 554.5 万吨，居全国第 3 位；铅排放为 333.6 千克，居全国第 18 位；汞排放 33.1 千克，居全国第 7 位；六价铬排放为 2084.5 千克，居全国第 2 位；总铬排放为 4707.2 千克，居全国第 4 位。由此可见，除了化学需氧量和铅排放，河北省其他污水中污染物排放在全国排名均在 10 名以内，其中，石油类污染物排放、六价铬排放最为严重，均在全国位列前 3 位。

尽管污水中的污染物排放情况不容乐观，但如图 5 - 1 所示，2006 ~ 2016 年河北省废水排放总量递增趋势明显，由 2006 年的 213672 万吨增长为 2012 年的 305774 万吨，增长幅度为 43.1%，2013 ~ 2015 年的废水排放总量较为平稳，2016 年废水排放总量呈下降趋势，可见，政府的污水治理有了一定的效果。

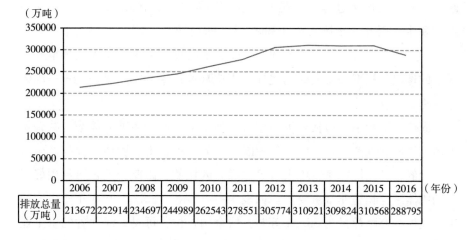

（万吨）	2006	2007	2008	2009	2010	2011	2012	2013	2014	2015	2016	（年份）
排放总量 （万吨）	213672	222914	234697	244989	262543	278551	305774	310921	309824	310568	288795	

图 5 - 1　2006～2016 年河北省废水排放总量变化趋势

资料来源：《中国统计年鉴》（2017 年）。

河北省废水来源多为工业废水，主要的产污行业有造纸印刷；制造业；金属冶炼加工业；煤炭开采；金属矿采选业；化工业；纺织业；烟草加工业；石油和天然气开采加工业；炼焦及核燃料加工业；电力、热力生产和供应业等。这些工业中不少面临着产能过剩的现状，同时，生产结构规划的不合理问题也促使了河北省工业废水的超标排放。

（三）土壤环境现状

土壤环境与农作物的生长息息相关，一旦土壤环境遭遇破坏，会严重影响农作物和植物的正常生长，同时威胁着人类的生存健康。引起土壤污染通常有三种途径：第一类是大气污染间接造成的，废气中比较大的污染颗粒物因为重力作用下沉到土壤里；第二类是水污染间接造成的，排放的工业废水和日常农业浇灌喷洒的农药，其含有的污染物（无法降解的重金属物质、放射性物质）会严重破坏土壤；第三类是堆积的固体污染物，其中的污染物质直接渗透到土壤里，对土壤产生了巨大的影响。污染后的土壤中的有害物质会在农作物或者水果中积累，同时影响地下水体、饮用水和农作物，通过食物链进入人体，最终危害人体健康，并引发各种癌症和其他疾病等。

不同于大气环境和水环境污染，土壤环境污染有较强的滞后性和隐蔽性，对土壤污染过程往往是间接性和缓慢性的，污染物会在土壤中慢慢地积累，因此，土壤污染也带有很强的地域性，同时，相比水污染和大气污染，土壤污染是很难治理的。前文中已经详细论述了大气环境和水环境的现状，接下来我们要论述导致土壤环境污染的第三种途径——固体污染物。

固体污染物主要包括两种类型。一种是工业所产生的固体废弃物，例如冶炼生成的煤渣、废渣以及各种固体工业垃圾，工业固体废弃物产生量是巨大的，在固体污染物中占有绝大部分的比例，因此，处置再利用好工业的固体废弃物是非常重要的。如表5-4所示，河北省2016年所生成的工业固体废弃物数量为33236万吨，居全国首位，可见，河北省的重工业繁重，而工业废弃物利用量为18455万吨，即工业废弃物利用率仅为55.5%，低于全国平均水平的59.5%。另一种则为人们的日常生活垃圾。人们的日常生活垃圾源于人类，所以只要是人的生活范围，就会有生活垃圾，垃圾随处可见，生活垃圾可能被人随意丢弃、堆放，不仅大大减少了人们的生存空间，同时，还占用了土地的使用面积，长时间不管理则会滋生更多的细菌、微生物，进一步污染土地、地下水。表5-5为2016年全国部分省份的城市垃圾清运量及处理情况，其中，河北省的城市生活垃圾清运量为725.2万吨，居全国第9位，生活垃圾的无害化处理水平为97.8%，略高于全国平均水平；而粪便清运量为92.6万吨，居全国第4位，但粪便无害化处理率仅为19.2%，低于全国49.8%的平均水平。

表5-4　　　　　　　2016年部分省份工业固体废物量及处理情况（10个代表性省份）　　　　单位：万吨

地区	工业固体废物产生量	工业固体废物综合利用量	工业固体废物处置量	工业固体废物贮存量	工业固体废物倾倒丢弃量
全国	309210	184096	65522	62599	32.23
北京市	629	543	87	0	0.00
天津市	1490	1475	15	0	—
河北省	33236	18455	13818	1287	0.00
山西省	28845	13950	11835	3104	0.41
内蒙古自治区	24762	11359	6245	7329	1.81
辽宁省	22822	9363	3253	10286	5.97

地区	工业固体废物产生量	工业固体废物综合利用量	工业固体废物处置量	工业固体废物贮存量	工业固体废物倾倒丢弃量
吉林省	4006	2234	1069	734	0.01
黑龙江省	6940	3582	1675	1685	1.61
上海市	1680	1608	73	1	0.00
江苏省	11649	10662	742	283	0.37

资料来源:《中国统计年鉴》(2017年)。

表5-5   **2016年部分省份城市垃圾清运量及处理情况**

(10个代表性省份)

地区	生活垃圾清运量(万吨)	无害化处理量(万吨)	卫生填埋(万吨)	焚烧(万吨)	其他(万吨)	粪便清运量(万吨)	粪便无害化处理量(万吨)	生活垃圾无害化处理率(%)
全国	20362.0	19673.8	11866.4	7378.4	428.9	1299.2	647.1	96.6
北京市	872.6	871.2	472.8	272.5	126.0	204.0	190.5	99.8
天津市	269.0	253.3	113.4	140.0	—	28.4	6.4	94.2
河北省	725.2	709.2	408.4	288.6	12.2	92.6	17.8	97.8
山西省	469.4	444.1	320.3	123.8	—	35.3	1.0	94.6
内蒙古自治区	345.3	341.4	302.2	39.2	—	60.0	12.0	98.9
辽宁省	933.1	870.2	756.0	66.4	47.8	85.9	18.4	93.3
吉林省	534.1	460.9	298.5	130.6	31.9	62.5	39.0	86.3
黑龙江省	541.9	436.9	307.3	85.0	44.6	120.7	32.7	80.6
上海市	629.4	629.4	329.6	272.9	26.9	159.7	53.2	100.0
江苏省	1562.3	1561.2	451.9	1109.3	—	65.9	47.2	99.9

资料来源:《中国统计年鉴》(2017年)。

    由于固体污染物主要来源于工业生产产生的固体废弃物,河北省的工业污染行业主要有金属矿采选业;电力、热力生产和供应业;煤炭开采和洗选业;非金属矿及其他矿采选业;造纸印刷及文教体育用品制造业;化学工业等,其中,金属矿采选业固体废物的直接污染系数最高,因此,位居所有行业排放的固体污染物榜首;第二是电力、热力生产和供应业;第三则为煤炭开采洗选业。

二、河北省环境政策工具选择状况

（一）河北省环境政策工具选择的过程和标准

河北省环境政策工具选择的过程，也可以理解为是一个对环境政策实施手段选择决策的过程。环境政策工具的选择不是在创造一种新的环境政策工具，而是在现有的、已出现的环境政策工具当中进行选择，当然选择的结果可能会出现一种新的环境政策工具的组合形式。河北省省一级政府，在中国总体的政府体系中处于承上启下的位置，因此，在考虑选择某种环境政策工具时，既需要严格执行中央政府的政策意图，同时还需要针对本省的特殊情况来具体考量分析。

目前，针对省级环境政策工具选择的过程还没有进行具体深入的研究，大部分研究是集中在中央政府和政策制定过程层面，重大的生态环境保护政策由中央统一制定后，河北省针对中央政府下达的命令进行具体的对策落实，而中央所指定的重大政策往往是一些原则性的内容，根据这些标准和原则，河北省政府的相关职能部门需要结合本省的环境特征召开会议进行讨论，敲定具体的环境政策工具。经作者调研，关于河北省环境政策工具的决策过程如下。

1. 环境问题纳入议程

不同地区环境问题、污染来源等类型往往差异很大，需要选择相对应的环境政策工具来进行治理，同时，环境污染问题也分轻重缓急，因此，需要对其进行排序，然后根据政府的资源依次处理。河北省将本省较为突出、严峻的环境问题列入政府议程的优先位置，并在河北省的工作计划中提出针对该环境问题具体环境政策工具的选择任务。

2. 调研并设计方案

河北省生态环境厅及其他与环境治理有直接管辖关系的职能部门首先会寻求科研机构的帮助，研究选择可行的环境政策工具的方案，同科研机构联合组成调查集团，并到河北省的其他政府部门和相关环境问题的企业进行调研，积极听取各方意见，同时也借鉴参考国外、国内其他省份的具体做法。充分调研后，生态环境厅召开会议进行环境政策工具的应用方案设计。而在环境政策工具的选择方案设计中，关于环境资料的数据化分析较少，环境政策工具的选择缺乏充分的论证支撑，同时也缺少对环境政策工具应用效果的预测分析及风险评估等内容。

3. 寻求各方支持

完成环境政策工具的具体方案设计后，首先要上报省政府进行批复，获取同意批复后，交由法制办牵头起草文本，采取向一些相关单位征求意见、办法的形式。例如，2017 年 4 月 7 日，河北省就规范环境保护部门环境与健康工作对水利部办公厅、农业部办公厅、卫生计生委办公厅、气象局办公厅、环境保护部华北环境保护督查中心等政府职能部门广泛征求意见。综合这些部门的意见继续对环境政策工具的应用方案进行修改，之后，省法制办可通过召开听证会程序等，将修改好的环境政策具体施行的草案征求相关企业的意见。

4. 决策者审议

经过征求各方意见后，法制办等单位将修改好的针对某环境问题的环境政策措施（环境政策工具）实施草案正式上报给省人民政府，经省政府会议后得出结论是否通过。

这样的环境政策工具选择的过程虽然在形式上采取了民主协商制的方式，但是，在真正的实际抉择中，环保部门领导的个人意见往往会对环境政策工具选择的结果起着较大的影响，甚至有着决定性的作用，因此，也具有典型经验式决策的特征，同时，也有可能会缺乏科学的环境数据支持。由于环保部门的人事任免权和财政大权大多掌握在当地的政府中，因此，关于环境政策工具的选择极容易受到当地政府的干扰，因寻租团体利益而背离原有的环境政策意图的现象也偶有发生，这些都会降低河北省环境治理的效率。此外，在参与机制上，由于公民普遍对于环境政策工具的选择、决策领域参与意识不高，而企业大多也是以利益至上，环保责任意识较低，再加上政府对于环境信息的公开程度不高，因此，在河北省环境政策工具选择的过程中，社会参与是极其被动的，多数是在政府的推动下被动进行的。

（二）河北省环境政策工具的应用现状

随着生态环境逐渐恶化，河北省的环境保护治理工作已经成为全省乃至京津冀协同发展的重要战略。为了区域经济协同发展和环境质量的提高，河北省政府采取了一系列的环境保护政策和具体的措施，也取得了一定的成就。

20世纪70年代初，官厅水库污染的治理成为河北省乃至全国环保事业的开端。伴随着可持续发展战略与科学发展观的提出，河北省先后发布《河北省环境保护条例》等30余项生态环境保护规范性文件，初步形成了具有河北特色的环保法规体系框架。自2007年生态文明建设提出以来，河北省将经济社会与生态环境协调发展列为重要任务，先后发布《河北省环境污染防治监督管理办法》等政策。这些政策最初大多采取了命令型环境政策工具，带有强制性，具体包括对污染物排放标准和配额的规定、环境影响评价制度、投资项目"三同时"制度、污染物限期治理、关停污染企业、排污申报登记制度、城市环境综合整治定量考核制度、排污许可证制度、污染物总量控制、煤炭消费总量控制、新能源汽车产业政策等。按照污染过程的时间顺序来看，河北省命令型环境政策工具既有事前规定好的污染物排放标准和配额、环境影响评价制度、投资项目"三同时"制度、污染物总量控制、煤炭消费总量控制和减少排放汽车尾气的新能源汽车产业制度，又有排污事中控制的排污申报登记制度、排污许可证制度，还有污染事后的污染物限期治理制度、关停污染企业，而城市环境综合整治定量考核制度则贯穿了整个环境污染治理的过程中（见表5-6）。

表5-6　　　　　　　河北省命令控制型环境政策工具应用现状

政策工具	实施部门	开始年份	作用对象
污染物排放标准、配额	环保部门	1979	各种污染源
环境影响评价制度	环保部门	1979	新污染源
投资项目"三同时"制度	环保部门	1979	老污染源
污染物限期治理	环保部门	1979	老污染源
关停污染企业	环保部门	1980	老污染源
排污申报登记制度	环保部门	1982	新老污染源
城市环境综合整治定量考核制度	环保部门	1989	新老污染源
排污许可证制度	环保部门	2001	新老污染源
污染物总量控制	环保部门	2007	新老污染源

政策工具	实施部门	开始年份	作用对象
煤炭消费总量控制	环保部门	2012	老污染源
新能源汽车产业政策	交通部门	2016	9个公共服务领域
限产停产、煤改气	多部门协作	2017	新老污染源

自改革开放以来,河北省在原有命令型环境政策工具的基础上又开始陆续推出《关于确定经济体制改革试点城市的通知》等一系列促进市场经济软着陆的政策。进一步整顿市场经济,调整产业结构。随着中国经济发展进入新常态后,河北省开始进一步加快经济发展方式的转变,即由原来的粗放式增长转为效率集约增长。市场激励型环境政策工具作为政府将市场机制引入环境保护领域的新探索,通过对生产者和消费者的引导,令其在日常的生产、消费行为中进行成本效益评估分析,从而选择有利于环境保护的手段。河北省实行的市场激励型环境政策工具主要有:排污费、财政补贴(包括税收补贴和减排补贴)、综合利用税收优惠、环保投资、矿产资源水和补偿费、排水设施有偿使用费、城市生活垃圾处理费、排污权交易制度、环境污染责任保险、生态补偿机制、绿色信贷政策、排污权拍卖制度和一些禁令类环境政策工具(如禁止烧烤、禁止燃放烟花爆竹、限行等)。

相比命令控制型环境政策工具,市场激励型环境政策工具有很大的灵活性,首先它赋予了企业较大的自主权。对于排污较多的企业实行惩罚收费、税收等方式,而对于低消耗、低排污的企业采取财政补贴、税收优惠等形式,可以激励企业进行科学环保的技术开发,通过提高技术水平降低环境成本,从而实现经济效益和社会效益的最大化,一举两得(见表5-7)。

表5-7   河北省市场激励型环境政策工具的应用现状

政策工具	实施部门	开始年份	作用对象
排污费	环保部门	1982	企事业单位
财政补贴	环保、财政部门	1982	治理污染企业
综合利用税收优惠	税收部门	1984	综合利用企业
环保投资	财政部门	1984	企事业单位
矿产资源水和补偿费	税收、矿产部门	1986	矿产企业
排水设施有偿使用费	城建部门	1993	企事业单位、个体经营

政策工具	实施部门	开始年份	作用对象
城市生活垃圾处理费	建设、环保部门	2002	企事业单位、个体经营、居民
排污权交易制度	环保部门、财政部门	2007	排污企业
环境污染责任保险	环保部门	2008	保险公司、污染企业
生态补偿机制	环保部门、财政部门	2008	新老污染源
绿色信贷政策	环保部门、金融系统	2009	银行、企业
排污权拍卖	环保、财政部门	2011	企事业单位
禁令类	城管、交通部门	2014	公民

公众参与型环境政策工具起步略晚，源于"治理"理念，通过公众的参与、动员公众的力量来推动环境政策有效率地、严格地执行。例如，2017年4月19日的河北省巨大污水渗坑事件，就是在高铁乘客的信息发布后、公众舆论的压力下促使河北省政府、环保部门对其进行挂牌督办，并迅速成立调查小组进一步追究相关责任。河北省公众参与型环境政策工具包括环保标志管理体系、宣传教育、公布空气污染指数、公众监督、评选环保先进集体、先进个人、公开环境信息等（见表5-8）。但相比其他两类环境政策工具，河北省的公众参与型环境政策工具的应用较少。

表5-8　　　河北省公众参与型环境政策工具的应用现状

政策工具	实施部门	开始年份	作用对象
环保标志管理体系	环保部门	1993	选定行业、产品
宣传教育	环保部门	—	公民、企业
空气污染指数	环保部门	1997	各种污染行为、单位
公众监督	环保部门	2003	各种污染行为、单位
环保先进集体、个人评选	环保部门	2003	企事业单位、个人
环境信息公开	环保部门	2008	企事业单位

三、河北省环境政策工具选择存在的问题

（一）选择主体单一

前面介绍了河北省政府针对环境政策工具的选择过程，而在这个过程

中，虽然和科研机构组成了调查集团到相关企业进行调研，设计方案后采取听证会等形式来听取企业和其他团体的意见，但目前河北省的调研和听证会呈现形式主义、走过场等特点。在企业团体代表、环保团体代表、公民代表的选择上，政府有较强的选择倾向性，因此，这些团体代表的呼声很弱，就算有较强的反对意见，由于政府对环境政策工具选择过程的主导性，也容易被忽视。尽管"多中心治理"理论早已引入政府的决策机制当中，但由于受到传统管理理念的影响，多中心治理至今仍有较大的阻力，政府作为决策主体的主导地位仍是不可动摇的。

生态环境厅等政府相关职能部门所组织的讨论会议在形式上采取了民主协商制的方式，但是在真正的实际抉择中，环保部门领导的个人意见往往会对环境政策工具选择的结果起着较大的影响，甚至有着决定性的作用。而环保部门的人事任免权和财政大权多掌握在当地的政府手中，因此，关于环境政策工具的选择极其容易受到当地政府的干扰，因经济效益等寻租团体利益而背离原有的环境政策意图，降低河北省环境治理的效率。另外，在参与机制上，由于公民普遍对于环境政策工具的选择、决策领域参与意识不高，而企业大多也是利益至上，环保责任较低，再加上政府对于环境信息的公开程度远远不够，企业团体、环保团体组织及公民对于环保信息状况没有充分的了解，处于较为被动的局面，也较难提出中肯的建议，因此，丧失了参与环境政策工具选择的能力，基本形成了当下"政府主导决定、其他利益主体走过场"的环境政策工具选择的主体单一局面。

（二）选择过程中的低效性

目前，行政机构针对省级环境政策工具选择的过程尚缺少具体深入的研究，因此，环境政策工具选择的过程是低效的。这种低效性主要表现在三个方面。一是选择标准不明确造成的选择低效性。在河北省环境政策工具的选择过程中，由于目前环境政策工具选择指标尚不完善，选择的标准不易权衡，所以，在选择的过程中有很多不确定因素，选择标准尚无法确定，无法进行精确地衡量比较不同环境政策工具，因此，选择的效率是低下的。二是盲目借鉴国外环境政策工具所造成的环境政策工具选择的低效性。例如，可交易许可证制度作为美国较为成功改善环境治理的环境政策工具，引入中国后却无法发挥其应有的作用。三是缺乏充足的科学依据所造成的环境政策工具选择的低效性。某些环保相关机构设置不完善，其定位仅仅是环境管理规划和技术支持两方面，没有达到环境数据资料搜集—整合—分析—公开—决策一体化的环境政策工具选择程度。在生态环境厅和其他政府相关职能部门的协商会议中，环境数据收集困难，缺乏历史环境数据、实时环境数据的收集。在调研过程中，针对企业环境资料的收集也非常有限，而且分部门掌握，没有整合到一起，因此，呈碎片化的片面数据。环境数据的支撑不够，环境政策工具选择过程中没有充足的科学依据，大多是拍脑袋所敲定的实施办法，带有一定的经验主义，属于非理性决策。没有针对环境政策工具选择衡量的科学标准，没有充足的环境数据信息支持，因此，河北省政府的环境政策工具选择往往缺乏精准性，导致环境治理效率低下。而官网更新的环境政策信息往往有一定的滞后性，对于环境政策工具选择的过程缺乏公开性，导致这种过程无法得到有效的监督而更加低效。

（三）选择缺乏组合

如表 5-6、表 5-7、表 5-8 所示，从河北省以往的环境政策工具选择历史演变来看，由于社会问题和环境风险的不断增多，环境政策工具的类型也开始日益丰富。从最初 20 世纪 70 年代的单一的命令控制型政策工具，到 80 年代开始施行市场型环境政策工具、90 年代开始施行公众参与型政策工具，打破了传统的单一式的直接管控型环境政策工具的统治地位。虽然市场激励型环境政策工具的种类逐渐增多，但目前管控型环境政策工具仍处于主导地位，在作用对象和实施范围上大多都是针对全国范围，制定的排污标准也都适用于所有的排污企业。从表中可以看出，河北省同年大多基本只会发布一种类型的政策工具，在环境政策实施过程中组合使用多种工具的情况仍不常见，环境政策制定的思维模式仍是仅考虑某一方面的政策意向，发布的环境政策缺乏多种政策工具之间的协调组合，这样一来便无法规避单一环境政策工具所带来的缺陷。对于每类环境政策工具在总的环境政策工具中应用的程度状况，也没有具体的明确，可见，在这方面也缺乏科学的综合依据，导致各类环境政策工具的应用无法达到最优水平。例如，过多使用直接管制型也就是命令控制型政策工具会弱化其他政策工具的效果和功能，使各类政策工具无法有效协调互补。

2018 年 1 月 18 日，环保部发布了 2017 年重点区域空气质量状况，京津冀取得较好成效，"北京蓝"成为新常态，但在这场雾霾攻坚战的背后，是多家上市公司停产限产、煤改气等命令型环境政策工具的强制执行，这种从污染源上管控的力度，确实在一定程度上卓有成效，使得冬季空气治理成果较为明显。但多家煤炭、钢铁、医药行业等上市企业的"一刀切"关停，并非长久之计。在供暖期间，钢铁工厂被要求限产，其担负着的居民供暖无法保证，同时，由于煤改气的工期太紧，很多地方未能按时完成煤改气施工，而已完工的地方又由于气源紧张，供应不足，部分居民在供暖期无法获得供暖，造成了一系列问题。可见，命令控制型的环境政策工具虽见效迅速，但对关停企业造成了极大的经济损失，对企业不公平，因此，还需结合其他经济手段和参与手段来组合使用，规避风险，进一步建立起长效的抗霾机制。

由于计划经济时期的影响，我国环境基本法——《中华人民共和国环境保护法》针对市场型环境政策工具只规定了超标排污收费制度，而没有对其他的市场性工具进行规定。因此，可以看出，政策制定者对于环境政策工具选择具有明确的偏向，倾向于命令型环境政策工具和市场经济型环境政策工具，对于公众参与型环境政策工具的应用还远远不够。

（四）选择缺少动态性

环境政策工具选择应用后，由于应用的效果难以评估，可能会出现环境政策工具选择的不恰当等问题。由于缺少对环境政策工具应用的实时效果监测，发现环境政策工具的不适用等问题往往是一个漫长的过程，甚至一般会等到产生较为严重的后果和损失后才会对其进行调整或终结，有着明显的滞后性。例如排污费、可交易许可证等环境政策工具，是借鉴了西方国家的成功环境治理经验，被引入作为重点污染区的河北省，产生了一系列更为严峻的后果：由于大量企业无力处理自己所产生出的污染物，因此，选择了其他的方式如隐瞒工业污染物信息、偷排过量污染物、贿赂官员等来规避排污费等经济损失。排污费和可交易许可证等环境政策工具的使用是建立在大部分企业有能力自己处理工业污染的基础上，而在当时河北省的情境下，大部分企业还较为弱小，不具备独立处理所排放污染的能力，因此，排污费等环境政策工具的实施产生了偏差。由于政府没有及时地进行调整，反倒助长了小排污企业的一些违法行为的滋生。

四、河北省环境政策工具选择中存在问题的成因

（一）公众参与渠道尚不畅通

河北省环境政策工具选择主体单一体现在环保局和其他政府相关部门对于环境政策工具选择权的主导性。在整个选择过程中，尽管有采取实地调研、听取专家和企业的意见、开听证会等形式来引入其他环境参与主体，但是，涉及的参与主体范围较小、代表性不强。代表参与者往往是个人而非组织，而且是政府来进行指定，而不是群体推举上来的，绝大多数公众对此环境政策工具选择过程并不知情，同时也没有参与的渠道，只能听取到最后的环境政策工具选择结果。再加上原本公众参与的意识较为淡薄，原本形式化的参与渠道也就形同虚设。

（二）选择过程缺乏先进技术的应用

河北省环境政策工具在很大程度上会受技术水平上的制约，没有了一些技术辅助的支撑，环境政策工具选择的结果往往是低效的。选择政策工具标准的确定，要想高效地选择准确的环境政策工具，需要有一个选择的标准，什么样的污染用哪种类型的环境政策工具，不是凭借经验决策得出的，需要有科学的依据。如科学地精准测量出一片控制区域的污染物排放量，当然污染物有很多种类型，不同类型污染物所选用的环境政策工具也不相同。而在源头治理方面，也需要先进技术来分析测算出污染物的源头，然后挑选合适的环境政策工具来对症下药。

（三）选择依据单一且缺乏整合

尽管河北省如今的环境政策工具已丰富至三种类型，但是，同一时

期、同一环境政策下，生态环境厅和其他政府环境相关部门往往只会发布一种政策工具，缺乏能够规避一些单一政策工具缺点的组合型环境政策工具。究其原因，是因为其选择依据较为单一，只考虑一方面的因素，没有从整体的角度分析环境问题而依靠惯性思维来选择一种环境政策工具。同时，对于各方的环境资料缺乏整合分析，导致环境政策工具的选择有些偏颇性，与其他已应用的环境政策工具没有进行融合、协调，长此以往，单一型环境政策工具的缺点会进一步暴露出来。

（四）选择过程中缺乏实时整合的动态环境数据

河北省环境政策工具调整的滞后性，是缘于政府对环境治理现状、环境污染监测的滞后，没有及时获取环境监测数据，也就无法通过整合分析来检验所选的环境政策工具的使用效率，无法进一步调整不恰当的环境政策工具。在河北省生态环境厅的官方网站上，尽管有环境数据实时监测的版块，但是，当真正点击进去想要查询搜索时，本应实时更新的相关环境监测数据却是一片空白。因此，要想使环境治理效率达到最高，就要时刻监测环境政策工具的使用情况，确保环境数据的动态性和真实性，并随时根据反馈的数据整合资料来进行调整。

第三节　国内外运用大数据进行政策工具选择的经验与启示

一、国外典型国家经验

（一）美国完善的环境大数据平台建设

美国作为大数据的兴起领航者，很早就将大数据融入环境治理的理念中。自从 2012 年奥巴马政府颁布了《大数据的研究和发展计划》后，美国环保局加快了建设环境大数据的发展步伐。

环境大数据的平台建设首先需要有完善的、职权明晰的机构设置和制度基础。美国环保局作为美国环境信息的主管部门，主导数据和信息的收集、汇总、使用和传递为一体的重要任务。美国环保局设有环境信息办公室（司局级），由首席信息官领导，环境信息办公室负责信息的全过程管理，下设4个处级办公室，分别是信息收集办公室、技术运行与规划办公室、信息分析与获取办公室及项目管理办公室。而除联邦环保总局，其他地区的环保局中也都设立了环境信息办公室或者专人小组来负责环境信息工作，同其他部门接洽收集、上传、维护、发布、使用环境信息。在制度层面，美国的制度严格规定了企业要向环保局随时提供准确的环境数据来保证美国环保局对于环境信息（污染物排放、分布）的实时掌握，企业向政府报告了虚假、有误的污染物成分、排放量，一旦被环保相关部门或者公众发现，会产生严重的后果，即需要支付高昂的罚款和环保经费，同时，商业信誉也会受到严重的损害。

在建立了完善的机构设置和企业环保制度后，美国政府开始建立环境数据监测网络，收集整合并共享环境数据。美国常用的环境整合工具有数据设施登记系统（FRS）、环保数据查询系统。数据设施登记系统包括对污染企业、污水处理厂甚至采矿作业等享有排污权的设施进行登记，并对其赋予了唯一的"标识码"输入数据库中，并明确不同部门、业务的数据关系，实现跨业务系统和跨库检索。这套系统由美国环保局环境信息化办公室进行集中管理和维护；环保数据查询系统则为公众提供包括大气、水、土壤、辐射等相关数据的查询服务。美国还建立了公众参与的大数据平台，环保局发布了危险物质清单，凡是受监管的有害物质，排放该有害物质的单位有义务对此进行报告，受公众和政府的监督，如果报告虚假则会受到巨额罚款。同时，任何人都可以请求管理者增加或删除危险物质清单上的有害物质。

美国环境大数据平台上的数据也会为其环保决策提供依据。由于美国各州环保局的污染物、有害物质数据库与联邦环保局之间，以及各州之间的数据都是共享的，因此，决策部门可以全面地掌握各州以及联邦环保局所收集的污染单位报告数据、监测数据等，为作出决策提供科学依据。

（二）日本开放数据战略

日本是中国的邻国，具有与中国相同的人口密度大等特点。"二战"

后日本在经济和环境上都遭受到了巨大的损害，当时为了推动经济发展，日本犯了激进错误，以环境污染的加重作为经济发展的代价，日本环境公害事件发生以后，日本政府对于环境的治理开始重视起来。

作为一个高度信息化的国家，日本信息化程度较高的行业开始引进大数据的思维和应用。2012 年，日本紧随美国，投入近 100 亿日元推进大数据技术研发与产业发展。① 2013 年 7 月，英国及北爱尔兰召开的 G8 首脑会谈通过了《开放数据宪章》，规定了日本等国须将开放数据作为开发资源进行计划开发，日本在电子行政开放数据实务者会议上决定了开放数据的五个重点领域：交通、环境、旅行、搬家和出入境，2014 年又将这个范围持续扩大。日本的开放数据战略无疑为环境治理与公众参与又进一步畅通了渠道，再加上日本群体公民的积极参与和高度重视、企业的环保责任性，使得日本的环境治理在国际上成为一个成功典范。

（三）韩国环境政策工具选择的公众参与

在韩国的环境政策工具选择机制中，韩国环境部不仅设置了环境政策室，同时还专门分设了负责不同资源、不同环境领域的多种环境政策咨询机构，确保环境政策工具选择主体的专业性。尽管韩国的环保部也是环境政策工具的主要选择主体，但韩国环境政策工具选择的参与过程非常完善。韩国的企业环保责任感较强，非政府环保组织独立性强，它们均会主动要求享有参与环境政策工具选择过程的权利。韩国政府为了确保公众在环境政策工具选择过程中的广泛参与，实行了环境情报公开制度，并专门设立环境情报公开系统，公开了政府所掌握的环境情报。同时，赋予公众环境情报请求权，让公众可以通过该系统发出环境情报的意图，促进政府和公民在环境政策工具选择过程中的协商沟通。韩国在环境政策工具选择过程中常通过公开听证、协商、谈判等方式途径让公民融入并参与选择过程。近年来，为了提高环境听证会的广泛参与程度，韩国政府还推出了电子听证会的形式，通过互联网渠道使大部分的公民参与环境政策工具的选

---

① 日本加大在大数据相关领域研究投入 推进大数据研究发展［EB/OL］. 中华人民共和国国家互联网信息办公室官网，2018－05－29.

择过程当中，进一步扩大了公民参与的范围。

二、国内典型省份经验

（一）贵州省"数字环保"建设

贵州省的"数字环保"建设与应用的实践取得了一定的成果，2015 年 6 月，习近平总书记在视察贵州省时对贵州省发展大数据给予了肯定。2008 ~ 2012 年，贵州省完成了信息化的基础设施建设，实现了全省重点污染源企业和污水处理厂的自动监控项目建设。随后开始了贵州省的"数字环保"建设，通过利用各种数据信息技术对环境治理的数据要求、业务要求进行深入挖掘整理，建立了环境数据中心系统、综合办公系统、环境应急基础信息管理平台、建设项目审批系统、GIS 与自动监控平台进行业务的服务环境管理。2014 年，贵州省又开启了"环保云"（"云上贵州"）的建设，此项目主要是环境数据的汇聚、融合，提供给不同的产业应用。目前已建成了环境自动监控云、环境地理信息云、环境移动应用云、环境公众应用云、环境电子政务云五大环保应用云。

（二）江西省环保大数据平台建设

江西省作为"开展政府和社会合作开发利用大数据试点"的责任单位之一，也已起步建设环保大数据平台，主要包括环保大数据硬件基础平台的建设，编制相关的标准规范，并整合环保系统内业务数据，开展基于环境影响评价、环境监测、环境应急指挥、环保执法和政府门户网站大数据应用。江西省环境信息中心成立时间较早，于 1992 年设立，江西省设立的环境信息中心、监测中心和辐射站的现有机房达到国家《电子信息系统机房设计规范》B 级机房标准，同时，安全防护系统也基本建成，具备环保大数据平台的基础条件。

江西省环保大数据平台建设主要分为两个方面：一是环保大数据资源中心建设；二是应用系统的建设。环保大数据资源中心包括环保大数据资源体系、环保大数据采集制度和标准规范以及环保大数据环境信息资源目录：环保大数据资源体系以纵向垂直体系和横向行业分布对环境数据进行整合；环保大数据采集制度和标准规范的设计是为了规范管理环保数据的收集使用流程；环保大数据环境信息资源目录是针对环保核心数据编制而成，制定方案和工作流程。应用系统的建设主要包括环境影响评价大数据应用系统、排污许可证大数据应用系统、网格化环保监管大数据应用系统、生态红线监管大数据应用系统、土壤环境监管大数据应用系统和环保督察大数据应用系统这六个子系统，各系统分工明确，协同配合，仍在不停地完善补充中。

（三）重庆市一体化环保物联网

自从全国全面启动环境信息化建设以来，重庆市开启了从基础设施建设，到服务应用及环保物联网建设等一系列工作，其一体化环保物联网实践标志着物联网、大数据、云计算、移动互联等新兴信息技术与环境保护的深度融合。重庆市成为全国首家环境信息机构规范化建设达标城市。

重庆市的一体化环保物联网的建设为环境监测的精细化、网络化提供了支持。环保物联网畅通了五大环节：一是网络由上到下串联，贯通了重庆市、区县、乡镇的监管对象；二是各区域串联点环境数据的采集、监测装备实时传输到终端；三是环境信息的汇聚，即所有环境信息都会动态上传至云平台；四是监督落实到事，凡是市局提出的各项要求、具体行动从处室、到区县、乡镇，统一跟踪监督；五是关于人的调度，物联网会使管理扁平化，方便调度。除了针对重点大型企业的在线监测平台，环保物联网还设计了包含面对中小排污企业的"现场监管物联工作平台"，通过设立的污染源电子身份系统对治理设施、排污口建立标识，结合现场检查系统来完成监管工作的调度，使现场的监管更加精细化、规范化。

三、国内外经验对河北省的启示

（一）建立完善的、责权明晰的环境数据管理部门

要想系统地在环境治理领域引入大数据，需要在生态环境厅设立专门的部门来对环境数据进行统筹管理，并明确划分其管理的权限，避免环境大数据全过程管理中的职权不清所造成的推诿现象，同时也能提高

大数据在环境政策工具选择方面的效率。例如，美国的环保局设立了环境信息办公室，还设有专职主管人员，如首席信息官等，对环境信息进行全过程管理，其职能按照信息的过程下设了 4 个办公室进行信息的具体职能管理。

（二）广泛开放公共环境数据

日本等国家的开放数据战略早已打响。党的十八届五中全会提出的"十三五"规划建议也提出实施国家大数据战略，推进数据资源开放共享。大数据在社会各个领域中已经无所不在。数据开放共享是大数据战略的核心内容之一，也是实现环境数据决策的关键。由于信息技术以及体制等限制，各级政府和各个部门之间的信息网络往往自成体系，相互割裂，数据难以实现互通共享，导致目前政府部门掌握的数据大都处于割裂和休眠状态。目前，河北省生态环境厅对于环境数据的开放程度还远远不够，远远落后于西方的发达国家，同时也缺乏大数据思维和法律框架，引发了环境数据信息采集重复现象，导致了信息摩擦和治理成本偏高。因此，河北省推进环境数据的开放已迫在眉睫。

（三）完善环境政策工具选择过程中的公众参与机制

近年来，我国发生了多起环境群体性事件。首先，政府没有为公众提供广泛的参与渠道；其次，没有为社会公众对环境污染监督反馈搭建方便的平台；最后，在一些基础项目的建设上没有充分考虑公众意见，导致一些项目审批或者建成后环境纠纷不断。应学习韩国引入多种公众参与方式，让环境政策工具选择全过程处于公众的监督之下，开放环境数据，建立网上民意反馈平台，并及时给出反馈意见和解释，寻求公众支持。实现公众和政府之间的良性互动，从而提升公民对于环境政策工具实施的满意度和认同感。

（四）环境实时监测数据的上传

在河北省环境政策工具选择过程中要想动态地选择环境政策工具，提高环境政策工具的应用效果，实时监测河北省污染单位的污染源状态是不可或缺的。在污染源监测方面，贵州省和重庆市成绩斐然，贵州省在完成全省重点污染源企业和污水处理厂的自动监控项目建设的同时，又开启了数字环保云平台的建设，将环保数据汇聚上传至云平台后提供给不同领域、不同产业进行应用，在一定程度上也完成了环保数据的开放战略。重庆市除了建设针对重点大型企业的在线监测平台外，还设计了包含面对中小排污企业的"现场监管物联工作平台"，通过设立的污染源电子身份系统对治理设施、排污口建立标识，结合现场检查系统来完成监管工作的调度，使现场的监管更加精细化、规范化。

江西省环保大数据平台中的应用系统中，环境影响评价大数据应用系统、网格化环保监管大数据应用系统、生态红线监管大数据应用系统和土壤环境监管大数据应用系统这四个子系统均是通过物联网、互联网等新兴技术，获取并上传实时监测数据的。河北省的重工业和中小型工业都不在少数，因此，更迫切地需要建立完善的污染源监测系统，并对其进行分析、汇聚、最终上传至环保云平台上实现环保数据的共享。

第四节　基于大数据的河北省环境政策工具选择路径

在互联网信息交互飞速发展的今天，大数据的应用炙手可热，然而，大数据方法也会有一定的局限性，作为以数据为依托的一种方法，产生大量数据的相关领域才能更高效地应用大数据提高该领域的管理效率。而环境政策决策领域在大数据应用上有着得天独厚的优势，其环境数据纷繁多样、分布范围广、研究资料数据化程度较高等特点，都使得大数据在环境决策领域方向上更易推进和发展。

随着京津冀大数据综合试验区建设的任务越来越明确，2020 年底已初步建立大数据服务新体系的战略目标，河北省当务之急是以环保、交通、健康、旅游和教育等领域为重点，推动数据的共享与开放。现阶段河北省的信息化发展与国内其他发达省份还有很大差距，省内地区信息化程度也呈现出不均衡的状态；同时，河北省的环境信息化公开程度都较低、环境治理效果不明显。因此，需要借助大数据来补齐河北省环境信息化的短板，同时提高环境决策领域中环境政策工具选择的科学性和精准性，从而改善河北省的环境质量。

环境政策工具的选择过程不是简单机械地把不同类型的环境政策工具和问题匹配的过程，它需要有一定的逻辑标准要求，如可行性、时效性、有效性等。环境政策工具最基本的一点就是一定要能被执行，即可行性；时效性是指随着周围环境的变化，环境政策工具也是需要根据特定环境而变化的，环境政策工具的选择必须同社会的制度环境相匹配、同市场环境相协调，是动态变化的；有效性，一是指环境政策工具是否能够有效地实现环境政策目标，二是指能否用最小的成本投入换取最大的效益。

本节基于大数据提出了一套完整的河北省环境政策工具选择全过程的路径建议，该过程总体分为三个阶段，分别为：环境政策工具选择过程前的筹备阶段、环境政策工具选择过程中的进行阶段和环境政策工具选择后的公开调整阶段。环境政策工具选择过程前的筹备阶段，包括河北省生态环境厅环境数据管理办公室的设立、建立环保大数据人才培养机制、环境监测基础设施的准备和环保大数据平台的建立；环境政策工具选择过程中又可以细分为四个阶段，分别为环境政策工具选择的资料收集阶段、资料处理阶段、指标建立阶段和精细化选择阶段；环境政策工具选择过程后则包括全过程公开环境政策工具选择数据阶段和环境政策工具选择的调整与改善阶段。

一、环境政策工具选择过程前——筹备阶段

要想将大数据高效地应用到环境政策工具选择过程中，河北省生态环境厅和其他地级市的生态环境局在前期需要建立一系列专门机构体系和基础设施平台，只有这样才能打破河北省环保部门之间的体制阻碍，才能确保可以有效利用大数据来进行环境政策工具的选择。

（一）设立专门的环境数据管理办公室

尽管河北省生态环境厅已经设立相关的环境信息中心，但其主要职能

多为对生态环境厅电子政务网站的管理，包括处理公众意见和电子审批等网上办理服务。同时，由于管理责任、部门利益等方面的原因，掌握的环境数据会出现割裂、片面的情形，并且信息中心对于河北省环境数据的总体收集、汇聚、上传、处理、分析内容很少涉及，因此，在此基础上需要设立专门的环境大数据管理办公室。该办公室主要负责收集、存储、转换、上传、分析全省环境质量状况、企业主要污染物排放情况、自然生态保护等重要数据；同时，负责收集河北省污染单位的污染物排放实时监控数据；负责汇聚、整合其他环境相关部门的环境数据。甚至还可以针对不同的环境领域细分环境数据监测中心，如大气污染监测中心、水污染监测中心、自然灾害监测中心等。不仅是河北省生态环境厅需要设置相关的环境数据管理办公室，河北省的其他地级市也需要设立下级相关的环境数据综合管理科室，来搜集整合各地区的环境数据，同时配合省厅的环境数据统筹操作。

（二）建立环保大数据人才培养机制

各级环保部门人员对于环保大数据的理解和认识直接影响到大数据应用的推进及其成效，人才资源作为大数据产业发展的生产要素，在环保决策领域引入大数据应用必不可少。为了适应环境产业发展及环保数据分析等工作需要，应积极建立关于环保大数据的人才培养机制，对计算机、统计等专业人才进行环保业务、决策过程的锻炼培训，同时，要求这些数据型人才要对建模和云平台有一定的了解，能够从云平台的角度看问题。培养环境大数据的复合型人才，为大数据在环境政策工具选择方面的应用做准备。

（三）环境监测基础设施的入网建设

环境质量、企业污染物排放、各种污染源等一系列的实时监测是环保大数据的聚焦重点，也是环境政策工具动态选择的科学根据。河北省现阶段主要针对重点污染型企业进行监控，忽视了河北省大量的中小型企业的污染排放监控。通过搜寻相关网站的在线监控数据，发现网站目前只设计了框架，并没有填充任何环境监测数据，可见，目前河北省关于环境在线监测系统、基础设施还没有完全建立，因此，下一阶段需要进一步丰富环境在线监测的基础设施建设，采用遥感、视频监控、红外线等先进的物联网技术对环境状况、污染物排放进行在线监测，同时，可以对监测设施点设计身份 ID 的标识，与网站平台连接起来，将监测的环境数据实时上传，实现真正的在线监测。

（四）建立环保大数据平台

尽管河北省环保相关部门掌握的环境数据量大、范围广，但由于技术规范、数据格式标准等原因，尚未建立有效的信息交换和共享的平台。同时，"信息盲点"、"数据垄断"和"数据打架"现象大量存在，比如环境质量的数据存放在监测部门不共享，与污染源数据之间的关联性和耦合性被割裂，大大降低了数据的价值，难以形成可供开发利用的高质量、稳定可靠、高价值密度的"环保大数据集"。要想打破这一环境数据壁垒、信息孤岛的现状，亟须建立一个系统整合、共享应用的环境数据信息的大数据平台。平台包括环境数据的整合层、分析层和应用共享层三个层次的设计。其中，环境数据整合层主要包括对所有环境来源数据的整合汇聚；分析层则是应用各种数据处理技术深入挖掘环境数据价值，预测环境风险，为政府建立环境预警机制提供科学依据；应用共享层包括对环境数据的开放共享，同时为其他单位、企业应用的使用提供环境数据支持。

二、环境政策工具选择过程中——进行阶段

目前，国内外大多学者偏好研究环境政策工具选择的依据、特性、影响因素，针对环境政策工具选择过程路径的研究成果较少。对环境政策工具选择模型进行了简单的研究，其中典型的为经济学模型、政治学模型和综合模型。这些模型选取的维度较为单一，且都为定性研究，相对复杂的综合模型也仅仅参考了两个维度，即国家能力和政策子系统的复杂程度，而在模型的具体应用选择方面没有进一步论述。传统的环境政策工具选择模型所依据的变量过于单调，因此，在大数据的基础上，笔者对河北省的环境政策工具的选择过程中的进行阶段进行设计，并进一步丰富和规范了环境政策工具选择标准维度。

融合大数据的河北省环境政策工具选择过程的进行阶段主要分为四个步骤，分别为环境政策工具选择的资料收集阶段、环境政策工具选择的资料处理阶段、环境政策工具选择指标建立阶段和环境政策工具的精细化选择阶段。环境政策工具选择的资料收集阶段包括运用大数据丰富河北省环境资料的获得渠道，以及运用大数据识别环境数据类别；资料处理阶段包括利用大数据汇聚整合各类环境资料和进行环境资料的"去粗取精"；选择指标建立阶段包括环境政策工具选择依据的维度、指标框架以及相关量化分析；精细化选择阶段则包括运用大数据综合计算评估后，进行最终的精细化结果选择。

这四个步骤均以确立好的河北省环境政策目标为指导、为依据，环境政策目标为整个环境政策工具选择模型的顶层设计基础，最好明确战略目标，并将其细化成具体目标，结合河北省生态现状的特点来进行环境政策工具的选择。

（一）环境政策工具选择的资料收集阶段

1. 运用大数据丰富河北省环境资料的获得渠道

如何将大数据更好地应用到环境政策工具的选择过程中是我们研究的核心问题，而所有环境政策工具选择的依据基础，在于政府所获得的环境资料。尽管目前绝大多数的环境资料和数据都掌握在政府手中，但大多只是关于环境质量监测、调查分析方面的环境资料，对于污染源的在线监测资料获取渠道有限，对污染单位所掌握的相关环境数量资料获取渠道不通，同时，重点污染源监测未接入河北省生态环境厅网络，可见，河北省政府对于环境数据资料的获取范围较窄。

大数据技术可以丰富河北省生态环境厅获取环境资料的渠道，环境资料来源的渠道主要包括环境监测数据、多行业环境相关数据和公众参与等环境数据。环境监测数据除了通过安装后的污染源在线监测设施的联网，还可以通过在其他的大数据采集层中筛选出政府需要的环境资料，如卫星接收器、传感器、摄像头、GPS 等其他的智能终端通过互联网、通信网或者物联网来进行收集。由于多行业相关环境数据之间存在壁垒，大数据平台可以打通这种数据壁垒，整合获取林业、交通、水利等多行业环境数据；同时，大数据可拓展公众参与渠道，从各个软件、社交网络中获取公众发表的环境信息，作为一种有效的环境资料补充形式。

2. 运用大数据识别环境数据

环境资料由于来源广泛，种类繁多，因此，本文将环境政策大数据的来源总体分为三类：传统环境历史数据、现代新型环境数据、环境实时监测数据（见图 5-2）。传统环境历史数据作为以往环境政策制定、政策工具选择的参考，主要包括环境统计数据、文献数据、研究者搜集的一手数据，这些历史环境数据包含的结构化数据含量较高，但也有一些半结构化、非结构化的数据，这些数据的价值往往没有得到有效挖掘。而现代新型环境数据是伴随互联网信息技术的发展而壮大起来的，极大地扩展了环境数据的分析范围。大数据可以将这些容易被政策制定者忽视的内容转变为有价值的数据，如网页文本数据、Web 访问数据、社交网络数据、移动数据等。这些数据都有共同的特点：数量大、价值密度较低、分布较为分散、数据结构类型复杂，即在巨量的数据中只有极少数是对环境政策制定者有价值的，冗余数据较多。然而在大数据时代，现在已经有很多技术可以对环境资料进行筛选，从而获得有效数据，提高提取有价值数据的效率。其中不仅仅包括巨量的环境监测数据，还包括从各种社交网络中提取的广大公民的环境政策意向等其他环境政策相关利益主体的意见，因此，打破了传统环境政策工具选择主体单一的参与方式，大大拓宽了获得不同群体意见的渠道。环境实时监测数据则是主要针对环境污染监控的实时数据，需要建设特定的监测站和安装固定的监测设备，如大气监测站、水质监测器、污水处理厂监控、卫星监测站等，将实时更新的动态数据上传至云端数据库，环境政策制定者可以随时参考最新的环境数据信息或者是得到最新的政策反馈结果，进一步完善环境政策。

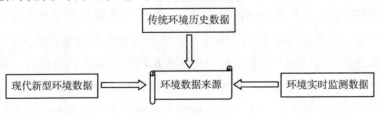

图 5-2　环境数据来源分类

环境大数据比起仅仅来源于传统的历史环境统计数据，更多地来源于当下互联网时代所产生的巨量交互环境数据、动态环境实时监测数据，同时，数据类型复杂多样，主要有结构化数据、非结构化数据和半结构化数据，环境数据格式、表现方式不同可能会给其价值的提取造成一定阻力，因此，需要进一步深入探讨资料处理阶段政策工具的选择。

（二）环境政策工具选择的资料处理阶段

1. 汇聚整合处理各类环境资料

尽管河北省政府之前也初步建成了各类要素环境监测数据库，但由于市级、县级的环境监测基础设施、条件不同，信息化程度差距加大，大部分的环境监测资料还处在以电子文件、纸质等介质存储阶段，且环境资料数据存储分散、管理困难。由于多个类别、不同层级环境数据库的建立，其采用的数据库系统类型繁杂，同时，环境资料的存储没有统一标准，历史环境资料混乱，各类环境监测数据、自然地理数据存在于不同的数据库中，格式不同，缺少整合整理，无法实现环境资料的互通共享，无法进行环境资料的系统分析，也就无法达成环境监测数据的系统管理。

大数据的应用可以促使环保数据信息的扁平化和管理化，一旦设立好专门的河北省环境数据管理办公室后，之前各部门、各层级之间的环境资料壁垒将被打破，环境数据管理办公室将对所有部门、不同渠道来源的环境资料进行收集后的归纳分类整合，同时包括对由于环境资料接收渠道、使用的开发工具不同造成的环境资料类型、格式不同等问题做进一步处理，通过利用大数据的相关转换程序来对不同类型的环境资料进行统一化处理，为方便下一步的环境资料筛选做准备。

2. 进行环境资料的"去粗取精"

环境大数据作为多源头环境资料的融合，虽然，政府对于环境数据资料的获取程度未达到全集数据，但是，通过大数据技术获取的环境资料已经达到庞大的环境数据样本集。由于获得环境资料的渠道过于广泛，有的领域甚至相关性并不太强，因此，获得的资料中真正有价值的环境参考挖掘数据往往是很稀疏的。经过各种网络互联端收集的环境数据资料，可能仍有大量冗余的、与环境并不相关的无价值数据，要想对真正有价值的环境数据进行挖掘，必须要对冗杂的环境资料进行筛选，也就是环境资料的"去粗取精"，环境数据管理办公室通过大数据的筛选技术过滤出高质量、可进一步分析利用的环境资料。

（三）环境政策工具选择指标建立阶段

为了使河北省环境政策工具选择的过程更具有科学依据，需要制定一套融合环境政策工具选择的依据、影响因素和标准的选择指标，进行数据的参考筛选。在进行完环境资料的"去粗取精"阶段后，对于筛选出的相对有价值的环境资料按照该指标系统进行总体归类分析。

1. 环境政策工具选择依据的维度

由于传统环境政策工具选择模型的研究维度单一，同时，学者们多只针对一个具体方面，如环境政策工具的经济成本、从减排视角等单一的角度来分析对环境政策工具选择的影响，缺少多个维度影响因素的相关分析和系统分析。本书综合了环境政策工具选择的多因素影响和复杂的特性，将其融合进环境政策工具选择维度设计中，打破了原有政策工具选择依据的单一维度影响分析，主要选取了五个方面的维度作为环境政策工具选择的依据，具体包括：工具本身属性、河北省环境特点、政策综合环境、以往环境政策工具效果评估和主观民意倾向。

工具本身属性是环境政策工具选择维度中首要分析的一项，需要对河北省现存的环境政策工具的目标、特性、成本效益和作用的目标群体进行梳理。环境政策工具选择的前提是需要对环境政策工具本身的属性有着透彻的认知。河北省环境特点则是需要充分考虑河北省的环境现状，对各方面的污染进行来源分析，是选择环境政策工具对环境源头针对性治理的依据。政策综合环境是在进行环境政策工具选择需要考虑的河北省的外界因素影响，如市场发育程度和社会综合环境，需要利用大数据技术来测算其相关性。以往环境政策工具效果评估是把河北省过去政策工具实施后的影响测算结果作为环境政策工具选择参考之一。主观民意倾向需要综合考虑统计专家、企业和民众的意向，将社会各界对于环境政策工具选取的倾向性量化为分值，作为政策工具选取的参考，这大大丰富了河北省环境政策工具选择的参与主体，同时将其详细地纳入环境政策工具选择依据中，规范环境政策相关主体的参与过程。

2. 环境政策工具选择的指标框架

通过科学选取工具本身属性、河北省环境特点、政策综合环境、以往环境政策工具效果评估和主观民意倾向这五个环境政策工具选择参考维度，大大丰富了以往单一的政策工具选择模型的参考因素，同时丰富了环境政策工具选择的参与主体，采取了主客观相结合、定性与定量相结合的科学设计，形成了一套系统、全面的环境政策工具选择的五维指标框架，环境资料分析的参考指标体系，依据环境政策工具选择的维度指标把环境数据资料进行分类整合，追踪每一类指标的数据情况，并利用大数据技术计算每个指标对各类环境政策工具的累加分值，作为最终环境政策工具选择的参考分数（见表5-9）。

表5-9　　　　河北省环境政策工具选择的指标框架

维度（一级指标）	二级指标	三级指标	指标解释
工具本身属性	环境政策工具的目标	激励企业技术创新	明确、测算出该环境政策工具的目标在这几个方面所占的权重
		控制环境污染	
		节能减排	
		美化环境	
	环境政策工具的特性	强制性	强制性为政策工具对政策目标群体的约束力程度，直接性与利益相关者复杂程度有关，自治性即为政策工具运行时对政府的依赖程度，需要科学计算各权重
		直接性	
		自治性	
	政策工具的目标群体	政府职能部门	明确环境政策工具所针对的目标群体
		污染企业	
		公民	
	成本效益	一系列财务指标	利用搜集的数据计算成本和产出比
河北省环境特点	大气污染	现状	分别针对河北省的各类环境污染现状进行评级打分，对于严重的污染进行污染物来源分析，并用大数据测算出所占百分比
		污染物来源分析	
	水污染	现状	
		污染物来源分析	
	土壤污染	现状	
		污染物来源分析	
	其他污染	现状	
		污染物来源分析	

维度（一级指标）	二级指标	三级指标	指标解释
政策综合环境	市场发育程度	低、中、高	利用大数据科学结合标准进行河北省市场发育程度的测评，并进行赋分，例如低（0~40分）；中（40~70分）；高（70~100分），并根据大数据测算环境政策工具与社会综合环境的相关性，作为参考
	社会综合环境	历史文化背景	
		制度	
		社会规范	
以往环境政策工具效果评估	政策工具实施后的影响测算	改善环境质量	收集大量环境历史数据，建立模型测算各环境政策工具实施后对环境质量的改善、治理环境污染、节能减排、企业技术创新和环境风险的影响程度，并分别进行赋分
		治理环境污染	
		节能减排数量	
		企业技术创新程度	
		环境风险层级	
主观民意倾向	专家	智囊团专家建议赋分	将社会各界对于环境政策工具选取的倾向性量化为分值作为政策工具选取的参考
	企业	环境相关企业利益权衡	
	公众	民意倾向	

（四）环境政策工具的精细化选择阶段

1. 运用大数据综合计算评估环境政策工具

通过结合每个环境政策工具本身特性、河北省环境特点、政策综合环境、以往环境政策工具效果评估和主观民意倾向这五个维度的环境资料进行科学量化赋分，其中，环境政策工具本身特性、河北省环境特征和主观民意倾向应占有较大权重，政策综合环境和以往环境政策工具效果评估对于河北省环境政策工具的选择起到了间接影响的作用。关于这五个指标维度的权重，可以通过邀请多位环保领域及环保政策评价领域的专家、多领域的环境政策工具执行者和环保政策工具利益相关者进行多次打分，最终确定所占权重比。

2. 精准选择河北省环境政策工具

立足于河北省环境治理的政策目标和倾向，以构建好的环境政策工具选择参考维度、指标维度和指标框架为基础，利用大数据技术将与这些选择指标相关的环境数据资料挖掘筛选出来，并将某些定性指标具体化、量化、可操作化，汇总各项指标的详细情况，计算出该项指标与某个环境政策工具的相关性，科学计算相应的权重并对某一种政策工具进行加权赋分（因为一项指标可能不仅仅对一种环境政策工具有影响），最后依据各个政策工具最终所得的分值来选择出合适的环境政策工具或者环境政策工具组合。由于单一的环境政策工具已经无法应对当下越来越复杂、糅合了多种因素的政策环境，而环境政策工具的组合使用将会规避单一的环境政策工具所带来的缺陷和弊端，会提高环境政策工具的应用效率，因此，环境政策工具组合的选择将是日后工具选择的发展趋势。

三、环境政策工具选择过程后——公开调整阶段

（一）全过程公开环境政策工具选择数据

环境信息的公开是环保大数据建设的基本前提。尽管河北省生态环境厅已经设立相关的数据中心，包括对环境质量和污染源的监测公告，但其中大多都为环保类的政策文件，而关于环境质量和污染源的监测更新较为缓慢，大多是总结性文件，基本没有涉及实时监测的污染源数据，因此，河北省环保部门的信息公开程度还远远未达到环保大数据的要求。

全过程公开河北省环境政策工具的选择数据，即将环境政策工具的选择依据指标环境数据、多方主体参与过程、分析决策过程全部公开，而不是只公布最终对环境政策工具选择的结果。这样做一是可以提高公众对环保部门公布施行的环境政策工具的认同程度，会更加支持环境政策工具选择的结果；二是以这种公开环境政策工具选择过程的形式倒逼环保部门主导的环境决策过程更加严谨、科学、精准；三是由于公开的环境政策工具选择过程涉及多个利益相关主体，公开其全过程将使这些利益主体更加了解自己应该起到的作用，有助于更高效的全民参与。

（二）环境政策工具选择的动态调整

由于河北省环境政策环境的复杂性，如环境的突发状况、对环境问题

的重新界定、环境政策目标的重新确定、战略趋势的导向性，同时包括环境政策工具的应用可能会出现不适用或者效果不明显、利益相关主体的倾向性、环境政策主体的意图和环境客体调整等方面的改变，这些都会影响环境政策工具的效果。这时可以利用大数据定期对环境政策工具的实施效果进行测评，时刻动态监督环境政策工具具体的应用效果，当监测效果不明显时，则需要重新考虑环境政策工具的选取问题。同时，当上述影响环境政策工具效果的各个因素一旦有发生较大的转变，也需要结合具体情况分析，并有针对性地对某些环境政策工具进行适当的调整，来保证环境政策工具的动态性和有效性。

第六章

农村生态环境政府治理的
工具选择

党的十九大作出了实施乡村振兴战略的重大决策部署，并将农村生态环境治理作为乡村振兴的重要抓手，要求树立和践行"绿水青山就是金山银山"的理念，以期通过对环境突出问题的综合治理，让农村成为安居乐业的美丽家园。黑龙江省作为我国的农业大省，在农村生态环境治理方面受到多方面影响和束缚，在农村生态环境治理方面具有典型性。

本章对农村生态环境的含义、政府治理的含义、农村生态环境政府治理的要素等基本理论进行阐述，以生态经济学理论、可持续发展理论、公共物品理论、政府治理理论等相关理论为基础展开研究，从政府治理目标、政府治理内容、政府治理结构和政府治理工具四个维度构建分析框架。利用典型调查法、比较分析法、规范分析法等研究方法，对黑龙江省农村生态环境政府治理现状进行客观分析，发现其存在政府治理目标不明确、政府治理内容条块化、治理主体间关系失衡、治理工具结构不合理等问题。通过借鉴国内外农村生态环境政府治理相关经验，得到推动政府更好地履行主导责任、促进公众参与农村生态环境治理、综合协调运用政府治理工具的启示。从政府治理目标、政府治理内容、政府治理结构和政府治理工具四个维度探讨黑龙江省农村生态环境政府治理的有效路径，提出要准确定位政府治理目标，合理选择政府治理内容，优化政府治理结构，有效选择和运用政府治理工具。

第一节 农村生态环境政府治理的理论基础

一、研究背景与研究意义

（一）研究背景

我国生态环境治理进程整体滞后于经济发展进程，农村生态环境治理又滞后于整个生态环境治理，农村生态环境存在的系列问题严重制约了广大农民群众对美好生活的向往和农村经济的可持续发展。政府已经认识到农村生态环境治理的重要性和紧迫性，党的十八大以来，多次在中央文件中提出科学详细的农村生态环境治理举措。党的十九大提出乡村振兴战略，将农村生态环境治理作为乡村振兴的重要抓手，要求树立和践行"绿水青山就是金山银山"的理念，以期通过对环境突出问题的综合治理，让农村成为安居乐业的美丽家园。

黑龙江省作为我国的农业大省，在农村生态环境上存在多方面的问题。黑龙江省政府积极响应中央号召，执行农村生态环境治理相关政策，却由于存在政府治理目标不明确、政府治理内容条块化、治理主体间关系失衡和政府治理工具结构不合理等问题，影响了政府治理农村生态环境的效果，黑龙江省农村生态环境没有从根本上得到改善。农村生态环境作为生态环境体系的重要组成部分，关乎地区经济和社会的可持续发展。黑龙江省只有重视农村生态环境治理，提升政府治理农村生态环境的能力，采取有效的治理措施，才能推动政府治理农村生态环境工作的进程，促进黑龙江省农村经济可持续发展，最终实现乡村振兴。因此，针对黑龙江省农村生态环境政府治理存在的问题，探析黑龙江省农村生态环境政府治理的有效路径是当前十分重要的研究任务。

（二）研究意义

1. 理论意义

本章涉及生态经济学、地方政府学和行政管理学交叉领域，其理论意义在于以下两个方面。第一，农村生态环境政府治理是一个新兴的研究领域，国内外学者对此研究涉足尚少，本章将生态经济学、地方政府学、行政管理学三大学科进行紧密结合，从政府治理的视角对黑龙江省农村生态环境治理的现状进行多层面、多维度的考察，探索黑龙江省农村生态环境政府治理的有效路径，从学理上丰富和完善了政府治理理论，为后续研究农村生态环境政府治理奠定了理论基础；第二，本章深入研究了生态经济学理论、可持续发展理论、公共物品理论和政府治理理论，在构建新的理论框架的基础上，从政府治理目标、政府治理内容、政府治理结构和政府治理工具四个维度探讨黑龙江省农村生态环境政府治理的有效路径，为政府进行农村生态环境治理相关决策提供理论依据。

2. 实践意义

本章针对黑龙江省农村生态环境政府治理存在的问题，探析黑龙江省农村生态环境政府治理的有效路径，其实践意义在于以下三个方面。第一，解决农村生态环境政府治理问题，改善黑龙江省农村生态环境。黑龙江省农村生态环境政府治理存在的问题阻碍了农村生态环境的改善，本章从政府治理目标、政府治理内容、政府治理结构和政府治理工具四个维度提出黑龙江省农村生态环境政府治理的有效路径，有助于解决农村生态环境政府治理问题，改善黑龙江省农村生态环境。第二，推进生态宜居美丽乡村建设，推动黑龙江省实现乡村振兴。农村生态环境治理是实现乡村振兴的重要抓手，黑龙江省农村生态环境的治理和改善，有助于打造环境清洁整齐、村容村貌良好、生态宜居的美丽乡村，增强农民的获得感和幸福感，从而进一步推动黑龙江省实现乡村振兴。第三，推进政府治理能力现代化，全面提升黑龙江省的政府治理能力和水平。黑龙江省农村生态环境政府治理结构的优化和政府治理工具的有效选择和运用，要求厘清政府和市场、政府和社会的关系，构建职责明确的政府治理体系，加强政府自身建设，有助于推进政府治理能力现代化，全面提升黑龙江省的政府治理能力和水平。

二、国内外研究现状

（一）国外研究现状

1. 治理理论的研究

治理理论源于西方学者对政府角色的再审视，直接孕育于新一轮的政府再造运动。20 世纪 90 年代以来，以治理为研究对象的著作大量涌现，成为学术界探讨的焦点。鲍勃·杰索普（Bob Jessop，1998）提出，尽管"治理"一词已经成为社会科学领域的常用语，但它仍然处于前理论阶段，是多种不同思想来源的杂糅，充满着多样性和矛盾性。乔恩·皮埃尔（Jon Pierre，2000）研究认为，治理理论存在国家中心论和社会中心论两种取向。国家中心论仍然强调国家的主导作用，关心的核心问题是国家如何设立目标为社会和经济掌舵。社会中心论则强调网络的协调和自我治理，具有明显的去国家化倾向。安德鲁·乔丹（Andrew Jordan，2005）等研究提出，治理理论中政府是一个连续谱，其中一个极端形式是大政府时代的强政府，而另一极端形式是社会行动者自我组织和协调的网络，积极反对政府掌舵。

2. 政府治理必要性的研究

政府治理的必要性是西方学者广泛讨论的另一个重要议题。学者们一致认为，政府治理的形式有所转变，但政府仍在治理中扮演重要角色。朱伊·彼得斯和乔恩·皮埃尔（Guy Peters & Jon Pierre，1998）认为，政府具备进行持续治理的能力。在他们看来，治理理论中国家最重要的转变，就是从以往的直接控制转为间接施加影响。政府确实没有再以传统的命令和控制方式治理社会，但政府仍然有能力参与治理过程，而且应该在治理中处于中心地位，没有任何其他机制能够替代政府在民主社会中的作用。政府参与某些活动必不可少，甚至比过去更为必要。格里·斯多克（Gerry Stoker，1998）认为，治理过程包括一系列来自政府但不限于政府的行动者，这并不意味着政府丧失了治理中的主导性地位。相对于传统的政府管理模式来说，在治理过程中参与者更为多元化，行动者自治程度较高。政府更为分权化，作用范围有所收缩。政府不再依赖权力，不再通过命令或权威来达成目标，而是使用新的工具和技术来掌舵和指引。

3. 生态治理的研究

韦德纳（Weidner，2002）通过跨国研究 30 多个国家生态治理及生态现代化，发现生态治理能力强的国家都建立了多元良性互动的治理主体。他指出，在生态现代化的国家，环境参与主体有着坚定的治理信念且相互间有着良好的合作关系，政治精英高度重视环境和生态治理，制度完备且协调运作良好。凯特尔（Keitel，2009）通过对美国超级基金项目实施情况的考察，认为生态治理需要政府与企业的共同参与，并且需要通过合同建立合作伙伴的关系，通过政府对市场的监督确保对外承包的公共事务的效率和效益。约瑟夫·胡伯和马丁·杰内克（Joseph Huber and Martin Janicke，2012）认为，生态治理除技术变革外，更需关注治理宏观战略和制度安排的有机结合。戴维·奥斯本和特德·盖布勒（David Osborne and Ted Gaebler，2013）指出，政府应从改善行政的困境入手，逐渐转变政府职能，将生态环境的保护作为政府职能的重要组成部分，并用企业家的精神鼓励自己积极投身生态保护的公共事业中。在生态环境的治理中，政府要适当授权。

4. 政府治理工具的研究

关于政府治理工具分类的研究，罗斯威尔和泽赫菲尔德（Rothwell and Zegveld，1981）根据政策影响受力面将政府治理工具划分为供给型、需求型和环境型三类。施奈德和英格拉姆（Schneider and Ingram，1990）根据工具的行为假设将政府治理工具分为权威工具、激励工具、能力建设工具、象征与规劝工具。豪利特（Howlett，2006）根据国家对政策子系统的强制性程度，将政策工具划分为强制性工具、自愿性工具和混合性工具三类（见图6-1），他主张通过市场化和社会化等公共治理策略来治理公共事务。

图6-1　豪利特对政府治理工具的分类

关于政策工具的选择，朱伊·彼特斯和皮埃尔（Guy Peters and Pierre，1998）认为，政策工具的选择依赖于国家与社会彼此的能力情况。若国家和社会能力都强，政策工具适合用"互助合作"；若二者能力都较弱，意味着政府的政策工具能力不足；若社会强而国家能力较弱，政策工具体现为"相互依存";若社会弱而国家能力较强，政府倾向于运用"强制"或"命令与控制"等政策工具。

（二）国内研究现状

1. 治理理论的研究

在治理理论引入和介绍方面，国内学者主要从治理内涵的角度进行研究。毛寿龙（1998）认为："英语词汇中 governance 既不是指统治，也不是指行政和管理，而是指政府对公共事务进行治理，它掌舵而不是划桨，不直接介入公共事务，只介于负责统治的政府和负责具体事务的管理之间，它是对于以韦伯的官僚制理论为基础的传统行政的替代，意味着新公共行政或者新公共管理的诞生，因此可译为治理。"俞可平（1999）提出了对治理内涵的理解，"治理一词的基本含义是指在一个既定的范围内运用权威维持秩序，满足公众的需要"，明确辨析了治理和统治的区别，认为，"善治就是使公共利益最大化的社会管理过程。善治的本质特征，就在于它是政府与公民对公共生活的合作管理，是政治国家与市民社会的一种新颖关系，是两者的最佳状态"。龙献忠、杨柱（2007）认为，治理意味着办好事情的能力并不仅限于政府的权力，不限于政府的发号施令或运用权威。在公共事务的管理中，还存在着其他的管理方法和技术，政府有责任使用这些新的方法和技术来更好地对公共事务进行控制和引导。

2. 农村生态环境治理主体的研究

刘祖云、沈费伟（2016）认为，政府、农民、村民自治组织、非政府组织等利益相关者在农村生态环境治理中有着不同诉求，故需明确责任，以发挥各自应有职能。俞可平（2016）认为，参与性是善治的基本要素之一，农村生态环境治理需要多方参与，政府、企业、村民是相互联系的统一体，三者应交流协作，共同参与农村生态环境治理工作中。贾小梅等（2018）提出，要夯实各级政府和部门的农村环保责任，明确企业和农民在农村生态环境治理中的责任，构建覆盖政府、企业、农民的农村生态环境治理责任体系。胡乔石、杨剑（2018）认为，改善乡村生态环境，建设宜居美好乡村，实现乡村生态振兴，需要政府与社会多元主体的共同参与。

3. 农村生态环境政府治理责任的研究

张成福（2012）指出，政府应承担生态治理的责任，政府履行生态治理责任，不仅要设定环境保护目标、建立环境保护机构、界定环境保护职能、建立相关法律法规，还需要建立与社会组织的合作机制。顾杰、张述怡（2015）认为，生态职能是政府的第五项职能，生态职能具备主导性、干预性和强制性，政府是生态环境治理的第一责任人。沈佳文（2016）提出，政府作为生态文明建设的主要领导者、组织者、管理者和服务者，要不断增强自身的生态履职动力和能力，发挥在农村生态环境保护和治理方面的作用。王从彦、刘丽萍（2019）提出，在我国的生态文明建设进程中，政府一直起着主导作用，政府的环境行为及生态职能的履行水准有着举足轻重的作用。张志胜（2019）认为，农村生态环境治理属于公共物品，具有鲜明的非竞争性和非排他性。作为主要供给者，地方政府负有不可推卸的政治责任。

4. 农村生态环境政府治理路径的研究

冯阳雪、徐鲲（2017）认为，我国农村生态环境有效治理的关键在于制度建设，政府应加强农村生态环境治理制度的回应性，建立多层次环保教育制度，完善监管制度，健全资金使用制度，促进农村生态环境的改善。熊晓青、姚俊智（2018）提出，要推动农村生态环境法治建设，逐步完善相关法律法规，为农村生态环境问题的解决提供法律保障。张志胜（2019）认为，农民的生活理念和素养事关农村生态环境治理的成效，要加强对农民的教育和引导，倡导绿色的生产和生活方式。

第二节　黑龙江省农村生态环境政府治理的现状分析

一、黑龙江省农村生态环境政府治理的现状

（一）政府治理目标现状

在农村生态环境政府治理过程中，政府治理目标定位是否恰当会影响

政府治理的效果。本节从总目标和具体目标两个维度，对黑龙江省农村生态环境政府治理目标的现状进行考察。

《黑龙江省农村人居环境整治三年行动实施方案（2018—2020 年）》指出，农村人居环境整治的总目标是到 2020 年，基本建立与全面建成小康社会相适应的农村生活垃圾、污水、厕所粪污等治理体系和村容村貌管护机制；全省 90% 以上的行政村的生活垃圾得到治理，农村卫生厕所普及率达到 85% 以上，行政村通硬化路率达到 100%，全省 90% 以上村庄实现绿化；基本实现村庄环境干净整洁有序目标，村民环境卫生意识普遍增强，农村环境"脏、乱、差"问题有效解决。

黑龙江省农村与农村之间发展水平差异较大，农村生态环境问题的严重程度也不尽相同，黑龙江省根据实际情况对发展程度不同的农村提出差异化的治理目标。黑龙江省农村生态环境政府治理的具体目标包括"基本保障"、"改善提升"和"美丽宜居"三个层次（见表 6 - 1）。

表 6 - 1　　　　　黑龙江省农村生态环境政府治理的具体目标

目标层次	覆盖对象	具体目标
基本保障	贫困村、地处偏远、规划撤并不再保留和基础条件较差的行政村	在保障农民基本生活条件基础上，确保村内生活垃圾及时收运处理，基本建立环境卫生日常管护制度，卫生厕所普及率达到 80% 以上，实现人居环境干净整洁的基本要求
改善提升	具有一定基础条件的行政村	加大整治力度，人居环境质量明显提高，力争实现 90% 左右的生活垃圾得到有效治理，卫生厕所普及率达到 95% 以上，生活污水乱排乱放得到管控，村内道路通行条件明显改善，村容村貌有较大提升
美丽宜居	经济基础条件较好的城中村和城市近郊区、省级美丽乡村示范村、重点水源地保护区、3A 级以上旅游景区核心区及周边行政村	建立生活垃圾收运治理体系，全面完成卫生厕所改造，厕所粪污基本得到处理或资源化利用，生活污水治理率明显提高，村容村貌显著提升，环境管护长效机制基本建立

资料来源：《黑龙江省农村人居环境整治三年行动实施方案（2018—2020 年）》。

（二）政府治理内容现状

黑龙江省农村生态环境政府治理内容主要包括推进农村生活垃圾治

理、推进厕所革命、推进农村生活污水治理、提升村容村貌、加强村庄规划编制和管理、完善建设和管护机制六个方面（见表6-2）。

表6-2 黑龙江省农村生态环境政府治理内容

政府治理内容	具体内容
农村生活垃圾治理	农村垃圾收运处理体系；垃圾收运和处理设施建设；非正规垃圾堆放点整治
厕所革命	农村户厕改造；农村公共卫生厕所建设；农村畜禽养殖废弃物资源化利用
农村生活污水治理	城镇污水处理向农村延伸；农村生活污水排放管控和分类处理；农村重点河流整治和河塘沟渠清淤疏浚
村容村貌	村庄道路建设；农村危房改造；村庄公共空间整治；村庄绿化美化；村庄传统文化保护利用；村庄公共照明示范；农村爱国卫生运动
村庄规划编制和管理	《黑龙江省村镇规划建设发展纲要（2018—2035年)》的编制；县域乡村建设规划编制；规划的实施和监管
建设和管护机制	农村人居环境治理工作体系的健全；农村人居环境整治模式的创新；农村人居环境整治长效机制的建立

资料来源：《黑龙江省农村人居环境整治三年行动实施方案（2018—2020年)》。

从表6-2可以看出，黑龙江省农村生态环境政府治理内容较为全面，不仅包括对农村生活污水、农村生活垃圾、畜禽养殖废弃物等农村环境污染物的治理，还涉及农村生态环境治理规划的编制和农村生态环境管护机制的建立。

（三）政府治理结构现状

"政府治理"是一个复合型概念。在农村生态环境政府治理过程中，为达成政府治理目标，有哪些利益主体参与农村生态环境治理过程，各利益主体承担怎样的角色，治理主体间的权责关系是如何配置的，这便涉及农村生态环境政府治理结构问题。从区域的范围看，农村生态环境治理主体包括政府主体、市场主体和社会主体（见图6-2），笔者对黑龙江省农村生态环境治理各主体的角色、作用及其权责关系进行考察。

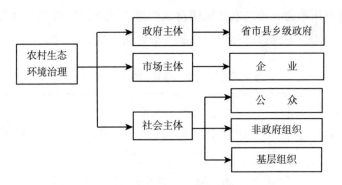

图6-2 区域农村生态环境治理主体

黑龙江省农村生态环境政府治理结构总体呈现"一强二弱"态势。"一强"是指在当前农村生态环境治理过程中，政府主体力量最为强大，发挥主导性作用。黑龙江省政府主体在农村生态法律法规制定、农村生态环境信息公开、农村生态治理项目审批和督查等方面都发挥重要作用。"二弱"是指市场主体和社会主体在农村生态环境治理中的力量相对弱小，发挥的作用有限。农村生态环境治理市场主体主要是指农村企业，大多数黑龙江省农村企业生产技术落后，企业人员的整体素质偏低，缺乏农村生态环境治理能力。农村生态环境社会主体包括公众、非政府组织和基层组织，社会主体较少承担农村生态环境治理的相应责任。黑龙江省农村地区部分村民认为，生态环境治理是政府的事，与自身无关，在日常生活中并没有发挥农村生态环境治理的主力军作用。黑龙江省与农村生态环境治理相关的非政府组织主要有黑龙江省生态经济学会、黑龙江省农村发展研究会、黑龙江省环境保护产业协会、黑龙江省环境科学学会和黑龙江省哈尔滨生态环境保护公益基金会，这些非政府组织缺乏独立自主开展活动的能力，在黑龙江省农村生态环境治理工作中发挥的作用有限。作为村民自我管理、自我教育、自我服务的基层群众自治组织，黑龙江省农村村民委员会参与农村生态环境治理的意识并不高，较少参与生态环境的治理。

（四）政府治理工具选择和运用现状

本节运用文本分析法，收集了黑龙江省农村生态环境治理的相关政策文本，分析政策文本中涉及政府治理工具的具体条目，对黑龙江省农村生态环境政府治理过程中政府治理工具的选择和运用情况进行考察。选取的政策文本均来源于政府公开文件，为保证研究的有效性和科学性，在选取政策文本时遵循以下四条原则：一是发文单位须是黑龙江省地方政府，不包括中央政府及各部委；二是政策文本主要是针对农村生态环境治理而制定的，或者政策文本有多项条目涉及农村生态环境治理，不包括只是简单提及农村生态环境治理的政策；三是政策文本的类型主要包括通知、意见、条例等正式文件，会议记录、行业标准等政策文本不计入；四是时间维度上以 2012 年 11 月 8 日党的第十八次全国代表大会提出经济建设、政治建设、文化建设、社会建设、生态文明建设五位一体为起点。基于这四条原则，本节选取有效政策文本 13 份，按颁布时间建立黑龙江省农村生态环境治理政策文本数据库（见表 6-3）。

表 6-3 　　　　　　　　黑龙江省农村生态环境治理政策文本

序号	发文时间	文件名称	发文字号	发文机构
1	2013.5	《黑龙江省生态和农村环境监察工作实施方案》	黑环办〔2013〕82 号	省生态环境保护综合行政执法局
2	2016.12	《黑龙江省土壤污染防治实施方案》	黑政发〔2016〕46 号	省政府办公厅
3	2016.12	《黑龙江省生态环境保护"十三五"规划》	黑政发〔2016〕47 号	省政府办公厅
4	2017.5	《黑龙江省生态环境监测网络建设工作方案》	黑政办发〔2017〕24 号	省政府办公厅
5	2017.12	《黑龙江省企业环境信用评价暂行办法》	厅办文件〔2017〕263 号	省环境保护厅
6	2018.4	《黑龙江省人民政府办公厅关于加强农业面源污染防治的实施意见》	黑政办规〔2018〕26 号	省政府办公厅
7	2018.8	《黑龙江省农村人居环境整治三年行动实施方案（2018—2020 年）》	—	省委办公厅、省政府办公厅

序号	发文时间	文件名称	发文字号	发文机构
8	2018.12	《黑龙江省农村生活垃圾治理专项实施方案（2018—2012年)》《黑龙江省农村室内户厕改造及室外公共厕所建设专项实施方案（2018—2020年)》《黑龙江省农村室外卫生户厕改造三年行动专项实施方案(2018—2020年)》	黑政办发〔2018〕65号	省政府办公厅
9	2019.5	《2019年全省土壤、农业农村、地下水生态环境保护工作要点》	环保厅文件〔2019〕90号	省生态环境厅
10	2019.4	《2019年黑龙江省生态环境监测工作要点》	环保厅文件〔2019〕68号	省生态环境厅
11	2019.10	《2019年黑龙江省秸秆综合利用工作实施方案》	黑政办规〔2019〕16号	省政府办公厅
12	2020.3	《2020年生态环境工作要点》	环保厅文件〔2020〕14号	省生态环境厅
13	2020.8	《黑龙江省村级公益事业建设一事一议财政奖补项目管理办法》	黑财规审〔2020〕18号	省财政厅

为分析黑龙江省农村生态环境政府治理工具的运用情况，笔者对表6-3中13份政策文本的具体内容进行分析，在政策工具单元编码的基础上，依据政策工具的类属归类后得到统计结果汇总表（见表6-4）。

表6-4　　　　黑龙江省农村生态环境政府治理工具分布表

工具类型	数量合计（条）	占比（%）	工具名称	数量（条）	占所在类型比例（%）
供给型	77	34	组织领导	14	18
			财政拨款	10	13
			技术研发	15	19
			信息共享	17	22
			人才培养	9	12
			基础设施建设	12	16

工具类型	数量合计（条）	占比（%）	工具名称	数量（条）	占所在类型比例（%）
需求型	58	26	政府采购	7	12
			公私合作	7	12
			海外交流	6	10
			试点示范	30	52
			财政补贴	8	14
环境型	89	40	目标规划	21	24
			税收优惠	2	2
			法规管制	23	26
			安全保障	17	19
			政策引导	26	29
合计	224	100	—	224	—

从总体看，黑龙江省农村生态环境政府治理工具的运用兼顾了供给型、需求型和环境型三类政策工具。其中，环境型政策工具使用最多，占比40%；供给型政策工具次之，占比34%；需求型政策工具使用最少，占比26%。由此可见，黑龙江省更倾向于使用环境型政策工具和供给型政策工具来推动农村生态环境政府治理。

在三类政策工具的内部，次级政策工具的选择和运用也存在差异。在供给型政策工具中，"信息共享"使用最为频繁，占比22%；其次是"技术研发"，占比19%，"组织领导"占比18%，"基础设施建设"占比16%；"财政拨款"和"人才培养"使用较少，占比分别为13%和12%。在需求型政策工具中，"试点示范"使用最为频繁，占比52%，"政府采购""公私合作""海外交流""财政补贴"占比分别为12%、12%、10%和14%。在环境型政策工具中，"政策引导"和"法规管制"使用最为频繁，占比29%和26%；其次是"目标规划"，占比24%，"安全保障"，占比19%；"税收优惠"出现的频率最少，占比2%。

二、黑龙江省农村生态环境政府治理存在的问题

（一）政府治理目标不明确

环境保护部于2014年1月发布《国家生态文明建设示范村镇指标

（试行）》，对国家生态文明建设示范村建设指标作出了明确的规定（见表6-5），并对每个指标的计算方法进行了具体的解释。

表6-5 国家生态文明建设示范村建设指标表

类别	序号	指标	单位	指标值	指标属性
生产发展	1	主要农产品中有机、绿色食品种植面积的比重	%	≥60	约束性指标
	2	农用化肥施用强度	千克/公顷	<220	约束性指标
	3	农药施用强度	千克/公顷	<2.5	约束性指标
	4	农作物秸秆综合利用率	%	≥98	约束性指标
	5	农膜回收率	%	≥90	约束性指标
	6	畜禽养殖场粪便综合利用率	%	100	约束性指标
生态良好	7	集中式饮用水水源地水质达标率	%	100	约束性指标
	8	生活污水处理率	%	≥90	约束性指标
	9	生活垃圾无害化处理率	%	100	约束性指标
	10	林草覆盖率 山区 丘陵区 平原区	%	≥80 ≥50 ≥20	约束性指标
	11	河塘沟渠整治率	%	≥90	约束性指标
	12	村民对环境状况满意率	%	≥95	参考性指标
生活富裕	13	农民人均纯收入	元/年	高于所在地市平均值	约束性指标
	14	使用清洁能源的农户比例	%	≥80	约束性指标
	15	农村卫生厕所普及率	%	100	约束性指标
村风文明	16	开展生活垃圾分类收集的农户比例	%	≥80	约束性指标
	17	遵守节约资源和保护环境村规民约的农户比例	%	≥95	参考性指标
	18	村务公开制度执行率	%	100	参考性指标

资料来源：《国家生态文明建设示范村镇指标（试行）》。

国家生态文明建设示范村建设指标一定程度上为各地的农村生态环境治理目标提供了借鉴和参考。然而，黑龙江省农村生态环境政府治理具体目标中，覆盖对象并不明确，对目标要求的阐述也不清晰。"贫困村""地处偏远""基础条件较差""具有一定基础条件""经济基础条件较好""核心区及周边"等陈述使得农村生态环境政府治理具体目标的覆盖对象被模糊化。同时，农村生态环境政府治理的具体目标仅对农村卫生厕所普及率和生活垃圾的处理提出了量化的要求，没有涉及其他与农村生态环境治理相关的具体指标。"生活污水乱排乱放得到管控""厕所粪污基本得到处理""村容村貌有较大提升"等表述模棱两可，无法为农村生态环境治理行动指明方向，也增加了农村生态环境政府治理绩效考评的难度。

（二）政府治理内容条块化

黑龙江省农村生态环境政府治理内容较为全面，但农村生活垃圾治理、厕所革命、农村生活污水治理、村容村貌、村庄规划编制和管理、建设和管护机制六个方面具体内容呈现按要素分割、缺乏系统整合的特征，黑龙江省农村生态环境政府治理内容存在条块化问题。

在黑龙江省农村生态环境政府治理实践中，常采取"头痛医头、脚痛医脚"的做法，将治理内容单个处理，治理内容之间缺乏联系。以土壤污染的防治为例，为改善土壤环境质量，保障土壤生态安全，黑龙江省政府办公厅于2016年12月印发《黑龙江省土壤污染防治实施方案》。该方案明确规定了黑龙江省土壤污染防治的十项主要任务：开展土壤污染调查，掌握土壤环境质量状况；建立健全法规规章制度和标准体系，强化环境监管；实施农用地分类管理，保障农业生产环境安全；实施建设用地准入管理，防范人居环境风险；强化未污染土壤保护，严控新增土壤污染；加强污染源监管，做好土壤污染预防工作；开展污染治理与修复，改善区域土壤环境质量；加大科技研发力度，推动土壤环境保护治理产业发展；发挥政府主导作用，构建土壤环境治理体系；加强目标考核，严格责任追究。在土壤污染防治任务中，仅有"加强污染源监管，做好土壤污染预防工作"一项简单提及"合理使用化肥农药""强化畜禽养殖污染防治""推进农村生活垃圾治理"，土壤污染防治并未与其他农村生态环境政府治理内容建立深层联系。农村生活垃圾是农村土壤污染的重要污染源之一，农村生活垃圾治理本应与土壤污染防治密切相关，但黑龙江省于 2018 年 8 月才正式开始对农村生活垃圾的专项治理，农村土壤污染防治与农村生活垃圾治理缺乏系统整合。

（三）治理主体间关系失衡

黑龙江省农村生态环境政府治理结构"一强二弱"的态势反映出农村生态环境治理主体间关系失衡的问题，主要表现在政府对非政府组织和基层组织的越位干预，政府对农村企业生态环境污染行为的放任以及政府对公众力量的闲置。

新《中华人民共和国环境保护法》的实施使得非政府组织能够通过依法提出公益诉讼的方式参与农村生态环境治理。然而，非政府组织在注册登记、资金、人事方面缺乏独立性，在注册登记时需要政府部门或事业单位进行挂靠，活动资金依赖政府提供的财政拨款和补贴，人事主要来源于业务主管部门的任命。因而，在农村生态环境政府治理实践中，黑龙江省各级政府没有充分给予非政府组织独立自主开展农村生态环境治理活动的权力，常常介入并干预非政府组织的实际工作。

《中华人民共和国村民委员会组织法》第三条明确规定："乡、民族乡和镇的人民政府对村民委员会的工作给予指导、支持和帮助，但不得干预依法属于村民自治范围的事项。"然而在黑龙江省农村生态环境政府治理中，政府通过各种制度性的渠道和非正式的途径组织影响着村民委员会的治理行动，使村民委员会缺乏独立性和自主性，限制了村民委员会农村生态环境治理作用的发挥。

黑龙江省部分农村企业为了追求利润，将工业废水、废气、废渣随意排放，不仅没有起到农村生态环境治理作用，反而对农村生态环境造成了一定程度的破坏。然而受农村企业促进区域经济增长、满足地方官员政绩诉求的影响，政府在农村企业监管方面存在不作为现象，对农村企业的生态环境污染行为采取放任态度，阻碍了农村生态环境政府治理进程。

《关于改善农村人居环境的指导意见》指出，坚持农民主体地位，广泛动员农民参与项目组织实施，保障农民决策权、参与权和监督权，防止政府大包大揽。然而作为农村生态环境政府治理的主导者，黑龙江省各级政府并未充分认识农民的主体地位，在生态环境治理方面对公众缺乏教育宣传，各种生态环境治理活动局限于单方面的政府行为，闲置了农村生态环境政府治理中的公众力量。

（四）治理工具结构不合理

为直观呈现黑龙江省农村生态环境政府治理工具运用的偏好，显示具体政策工具选择和使用的特点，根据表6-4中的数据统计结果，绘成黑龙江省农村生态环境政府治理工具比例分布图（见图6-3）。

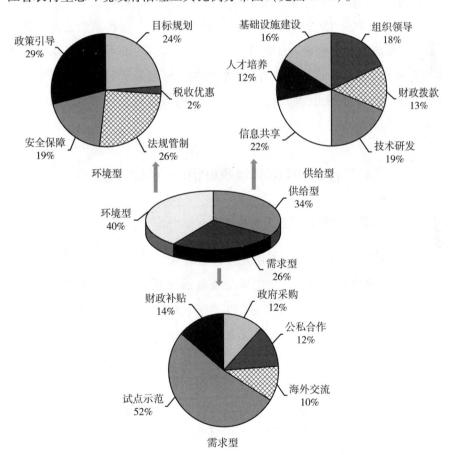

图6-3　黑龙江省农村生态环境政府治理工具比例分布

从图 6-3 可以看出，黑龙江省农村生态环境政府治理过程中，政府治理工具结构并不合理。从总体上看，黑龙江省农村生态环境政府治理工具的运用虽然兼顾了供给型、需求型和环境型三类政策工具，但需求型政策工具运用偏少，占 26%，不足整体的 1/3。从环境型政策工具和需求型政策工具的内部结构看，更具直接性和强制性的政策工具占据了主要比例。在环境型政策工具类型中，"法规管制" 运用频率过高，占 26%，"税收优惠" 出现频率过低，仅占环境型政策工具的 2%，不及 "法规管制" 的 1/10；在需求型政策工具中，"试点示范" 占比高达 52%，超过 "政府采购"、"公私合作"、"海外交流" 和 "财政补贴" 的总占比。虽然，在收集的黑龙江省农村生态环境政府治理政策文本中，"坚持信息公开、社会共治""形成政府、企业、社会共治格局" 等表述明确可见，但从政策文本内容分析结果看，政府行政力量对农村生态环境治理的推动作用相较于市场需求的拉动作用更为明显，市场和社会参与农村生态环境治理仍有较大发展空间。

三、黑龙江省农村生态环境政府治理的问题成因

（一）政府治理的目标意识有待提高

政府治理目标在治理体系中发挥核心作用，清晰的治理目标具备导向、激励和评价功能。农村生态环境政府治理目标指导和支配着农村生态环境治理的全过程，并在很大程度上影响政府治理内容的确定以及治理工具的选择与运用。然而，在黑龙江省农村生态环境政府治理中，政府治理的目标意识薄弱，并没有深刻认识到目标管理的重要性，设立目标时也未能充分考虑目标的具体性和可操作性，只是程序性地设立了农村生态环境政府治理的总目标和具体目标，导致农村生态环境政府治理目标过于抽象和笼统，缺乏相关量化指标。因此，黑龙江省农村生态环境政府治理目标没能很好地发挥其对生态环境治理行动的导向作用，也在一定程度上阻碍了对农村生态环境政府治理主体的责任落实和绩效考评。

（二）政府治理内容缺乏系统设计

根据本节对农村生态环境的定义，农村生态环境是指广大农民群众在其所处区域内与人类生存与发展密切相关的水资源、土地资源、生物资源以及气候资源数量与质量的综合体。黑龙江省农村生态环境政府治理内容基本包含了水资源、土地资源、生物资源等农村生态环境的各个要素，但黑龙江省在开展农村生态环境政府治理工作前，缺乏系统思维和全局观念，没有对农村生态环境政府治理内容进行整体规划和系统设计，导致黑龙江省农村生态环境政府治理内容虽然全面，但农村生活垃圾治理、厕所革命、农村生活污水治理、村容村貌、村庄规划编制和管理、建设和管护机制六个方面具体内容缺乏深层次联系，农村生态环境政府治理内容重点不突出。因此，黑龙江省农村生态环境政府治理没有取得预设的良好效果。

（三）政府与社会力量协同机制不完善

农村生态环境的重要性和性质，决定了农村生态环境政府治理主体的多元性，政府、市场和社会都是农村生态环境政府治理的主体。但由于政府、市场和社会在农村生态环境治理方面权能地位、动机和诉求的差异，各主体在农村生态环境治理过程中存在不同程度的冲突。政府组织关注农村生态环境政府治理所带来的政绩，农村企业关注农村生态环境治理政策对企业利润的影响，非政府组织和基层组织则重视自身的生存发展和独立地位。此外，黑龙江省农村生态环境政府治理主体权力和责任划分不明确，各主体在农村生态环境治理中角色定位不清，加剧了政府、农村企业、非政府组织和基层组织在农村生态环境政府治理中的矛盾和冲突。政府、市场和社会主体关系失衡，黑龙江省农村生态环境政府治理难以形成有效合力。

（四）政府治理工具的选择固化

政策工具的运用是为了实现政策目标，在当下治理环境日益复杂和变化的时代，任何试图依靠既有政策工具解决所有问题的想法都不切实际。

农村生态环境治理在每个阶段都有其特点，政府治理工具的选择和运用也应与时俱进。然而，尽管黑龙江省在农村生态环境政府治理中已经意识到社会共治的重要性，明确市场化的政策工具可以有效拉动农村生态环境治理，在政策文本中也提及"通过向社会购买服务的方式，把农村厕所粪污收集和资源化利用的经营权向有机肥生产企业或种植合作社开放""积极推行市场化运作，对符合实施 PPP 模式条件的农村垃圾、污水处理项目，探索全面引入企业或社会资本参与设施建设和运营服务"，但政府运用自身权力和权威推进农村生态环境治理已成惯例，路径依赖的惯性使得以往运用的政策工具被固化，转向其他政策工具变得不太容易。因此，法规管制、试点示范等具有强制性的政策工具仍占据主流，政府采购、公私合作等需求型政策工具的运用仍显滞后。

第三节　国内外农村生态环境政府治理的经验与启示

一、国外农村生态环境政府治理的典型经验

（一）美国构建农村环境综合治理格局

美国农业机械化程度较高，虽然大规模机械化运作提高了美国农业的产量，但机械化运作中石油等自然资源的超额使用严重危害了美国的农村生态环境。为改善农村生态环境，美国政府通过法律、技术、文化教育等多样化的手段，构建农村生态环境综合治理格局，确保生态环境治理工作扎实、稳步、有效地开展。

美国在生态环境方面形成了完备的法律体系。1969 年，美国政府颁布了《国家环境政策法》，确定了国家环境保护的目标和准则。1977 年，美国政府对《水污染控制法》进行修正，颁布了全新的《清洁水法》，明确规定工厂化养殖废水排放的标准，极大改善了美国农村的地表水水质。之后又陆续出台了《环境教育法》《污染预防法》《能源法》等一系列法律法规，为农村生态环境保护和治理提供了有力的法律支撑。

美国政府重视科技在农村生态环境治理中的作用。20 世纪 80 年代，

美国开展了湿地恢复、草地保护、植被覆盖等多个农村生态环境治理项目，对农村生态环境进行治理和修复。在规范化开展项目的过程中，美国政府尤其注重对生态环境项目的技术支持，每年拨付大量资金用于新技术的开发及推广，并给予从事农村生态环境治理工作的科技人才一定的资金补助。在相关技术的助力下，美国的农村生态环境治理工作取得了一定成效。

此外，美国政府加强了对公众的生态环境教育，主要体现在三个方面：一是建立高效运行的生态环境教育机制，设立专门的生态环境教育机构，对公众进行全方位的生态环境教育；二是建立生态环境激励机制，设立生态环境教育奖项，鼓励专业人士从事生态环境教育工作；三是确保生态环境教育资金充足、来源多样，由政府、非政府组织、环保人士等共同提供生态环境教育资金。美国生态环境教育的全民化和体系化培养了公民的生态环境保护意识，提升了农村生态环境治理的公众参与度，有效推进了农村生态环境治理进程。

（二）瑞典推行生态循环农业模式

瑞典农业以畜牧饲养业为主，在农业生产中推行生态循环农业模式（见图6-4），实现粮食和畜产品的自给自足。生态循环农业是指按照生态学和经济学原理，通过现代化的科学技术和先进的管理手段而建立起来的，追求经济效益、社会效益和生态效益高度统一的现代化农业。生态循环农业是一种循环经济理念在农业中的运用，其实质是以环境友好的方式利用自然资源和环境容量，实现农业经济活动的生态化转向。

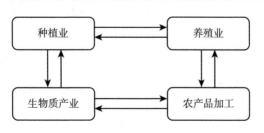

图6-4　瑞典农业系统结构

瑞典完善农业系统结构，形成了资源、农产品、农业废弃物、再生资源循环的封闭式流程，实现了物质的多级流通。例如，瑞典在农业生产中推行有机农场，将养殖业中的牲畜粪便进行一定的技术处理，作为天然肥料投入农作物种植，既保证了食物的安全供给，又保持了土壤肥力，降低了农业活动对农村生态环境的影响。同时，瑞典实行作物轮作方式，每四年循环一次对小麦、豌豆、燕麦和牧草的轮作，通过种植作物的循环实现对土壤肥力和生物多样性的保护。瑞典的生态循环农业模式使每个环节的投入品都在循环中得到充分利用，在提高资源利用率的同时，保护和改善了生态环境，促进了农业经济的可持续发展，实现了经济效益、社会效益和生态效益的高度统一。

（三）欧盟建立农业生态补贴政策

欧盟在农业生产中大量使用农药、化肥和饲料，在提高农产品产量的同时，也带来了土壤板结、水体污染、农业垃圾污染等一系列农村生态环境问题。20世纪90年代，为解决日益严重的农村生态环境问题，欧盟建立了农业生态补贴政策，对采取有利于生态环境保护生产方式的农户以及其他为农村生态环境保护做出特别牺牲的主体给予一定经济补贴。欧盟的农业生态补贴政策主要包括与环境保护措施挂钩的价格补贴、改变生态方式补贴、林业经济补贴和农用地绿化补贴四个方面（见表6-6）。

表6-6　　　　　　　　　　　欧盟的农业生态补贴政策

补贴内容	补贴范围
与环境保护措施挂钩的价格补贴	对休耕的农户，补贴其因休耕减少的收入；对在农业生产活动中保护生态环境的农户，补贴其因保护生态环境而支出的费用和减少的收入
改变生产方式补贴	对种植中减少化肥、农药使用的农户给予补贴；对专门用于生态环境保护（改建为生态公园、自然公园等）的休耕农田给予补贴
林业经济补贴	对种植适合当地生态环境条件林木的农户给予补贴；对改善森林社会价值和生态价值的森林投资项目给予补贴；对优化林产品收购、加工和销售的投资给予补贴
农用地绿化补贴	对在农用地上进行绿化活动的农户，补贴其农用地绿化种植、养护的费用和因农用地绿化而减少的收入

资料来源：根据《欧盟农业生态补贴政策及其对中国的启示》整理所得。

欧盟的农业生态补贴政策提高了农户的生态环境保护意识，使其在农业生产活动中自觉践行生态环境保护理念，采取有利于生态环境保护的生产方式，从而改善了农村生态环境，增强了农村发展潜力，促进了农村经济的可持续发展。欧盟的农业生态补贴政策为黑龙江省政府治理农村生态环境提供了有益探索，具有十分重要的借鉴意义。

二、国内农村生态环境政府治理的典型经验

（一）湖南省坚持因地制宜精准施策

湖南省长期以来实行粗放型农业发展方式，积累了大量的农村生态环境问题。为提升农村人居环境与生态质量，湖南省立足农村生态实际，坚持因地制宜，针对不同县区的重点生态环境问题，采取差异化的治理对策，推进农村生态环境治理迈向新台阶。

宜章县以生态创建为抓手，巧用"加减乘除法"，使农村生态环境得到明显改善。加法是指连片综合整治，宜章县全面实施镇村绿化和村庄整治工程，大力建设生态绿色屏障，建设和谐美丽新乡村。减法是指规范污染治理，宜章县加强对农村企业的监督管理，严格控制企业污染物排放，减少农村企业带来的生态环境污染。乘法是指以点带面示范，宜章县采取"县乡办点，分步推进"的方式，积极探索农村环境综合整治新模式，深入推进农村生态环境综合治理。除法是指淘汰污染企业，宜章县牢固树立生态环保意识，严格执行国家产业政策和环境标准，淘汰污染严重的企业。

凤凰县针对农村环境长期脏乱差的情况，以生态环境治理项目为抓手，采取"点线面三步走"的方式逐步开展农村生态环境治理。一是开展农村生态环境问题村都里乡古双云村的农村生态环境整治工作，整治好一个点。二是实施农村生态环境整治示范工程，将廖家桥村和樱桃坳村作为农村生态环境整治示范点，与都里乡古双云村连成一条线，以扩大农村生态环境整治示范效应。三是整乡推进山江镇环境综合整治，把都里乡、廖家桥镇、山江镇形成一个面，将农村生态环境整治工作推向全县。

花垣县推行"五个强化",强力推进农村生态环境治理。一是强化饮用水源地水质定期检测。组织开展农村集中式饮用水源保护执法检查,保障农村群众饮水安全。二是强化工业污染控制。落实建设项目环境管理要求,严格环境准入,加强县域工业企业排污监管,对污染严重的企业坚决予以关停。三是强化养殖企业污染治理。对规模畜禽养殖企业严格执行环境影响评价,要求养殖场建设污染处理设施。四是强化农村监察力度。加大对农村乡镇工业企业监管力度,确保污染物达标排放。五是强化农村群众环保观念的提升。加强宣传环保知识和相关政策法规,引导农户养成科学的生态环保意识。

(二)福建省发挥社区乡土资源优势

福建省村落的良好生态环境和深厚文化底蕴在现代化工业文明中遭受破坏。为处理好农业文明、工业文明和生态文明之间的关系,改善农村生态环境,福建省充分利用社区乡土资源优势,发展现代农业,创造了生态环境良好和生态农业多样发展并行不悖的治理方式,实现了现代化生态转型。

福建省依托乡土资源优势,营造自然、社会、人文和谐共生的社区氛围。福建省按照生态文明理念,尊重本土村落发展的内在规律,创办全国第一所农村社区大学,重建乡村公共文化空间,为村民提供交流学习的理想社区,为农村生态环境治理营造良好的社区氛围。同时,借助福建农林大学海峡乡村建设学院等外部力量,开展各种培训交流活动,例如,邀请专家学者为村民开设主题讲座,讲解生态农业相关知识,引导村民调整农业生产方式。乡村社区大学举办的各种活动丰富了村民的业余文化生活,增强了村民的认同感和归属感,为农村生态环境治理奠定了坚实的乡土社区基础。

福建省发展多样化农业经济,激发社区内部活力。福建省村落注重农业经济的可持续发展,不断推进国家生态治理相关政策落地转化。一方面,乡村社区大学充分挖掘乡土资源,加强对生态环境治理拔尖创新人才的培养,使其传承乡土文化,投身农村生态环境治理创新性实践。另一方面,依托乡土文化,大力发展休闲农业和旅游产业,在保留原有农业形态的基础上，促进生态效益、社会效益和经济效益同步增长。福建省在发展多样化农业经济的同时，兼顾了乡土文化的传承和生态环境的治理，激发了乡村社区内部的发展活力，使农民成为农村经济发展和生态环境治理的主力军，实现了现代化生态转型。

（三）浙江省形成生态治理系统性思维

浙江省开展的"千村示范、万村整治"工程，简称"千万工程"，是浙江省"绿水青山就是金山银山"理念在农村生态环境治理中的成功实践。浙江省在农村生态环境治理中坚持系统性思维，发挥系统性主体作用，统筹系统性治理客体，取得了系统性的治理效果。

浙江省融合系统性的治理主体，推进农村生态环境治理。浙江省坚持调动农村生态环境相关治理主体的积极性，形成"政府主导、农民主体、部门配合、社会资助、企业参与、市场运作"的多元治理格局。政府作为农村生态环境治理的主导者，做好规划编制、政策支持和试点示范工作，注重发动群众，积极倡导卫生清理、垃圾分类、生态参与的行为规范，使村民自觉成为农村生态环境治理的示范者、倡导者和行动者。通过加强宣传教育、加强监管力度和加大责任追究力度的方式，督促农村企业履行职责，在追求经济利益的同时，自觉承担起保护农村生态环境的社会责任。浙江省的政府、企业、市场等主体都在农村生态环境治理过程中发挥了各自的作用，形成了全社会共同参与农村生态环境治理的格局。

浙江省在推进农村生态环境治理的实际工作中，不断整合生态环境治理的系统性客体。一方面，浙江省按照系统性思维，构建起融入经济建设、政治建设、文化建设、社会建设大系统的生态环境治理客体。"千万工程"以改善农村生态环境、提高农民生活质量为核心，将农村生态环境治理与新农村建设、乡村振兴紧密融合，在改善农村生态环境的同时，促进农民收入持续增长，形成了经济生态化和生态经济化的良性循环。另一方面，浙江省严格按照党的十九大报告的要求，坚持统筹山水林田湖草的系统治理。遵循生态系统的整体性，统筹考虑农村生态环境各要素，坚持系统性原则、属地性原则、分级性原则和协作性原则，构建山水林田湖草保护管理工作机制，对农村生态环境进行整体保护、系统修复、综合治理。

三、国内外农村生态环境治理典型经验对黑龙江省的启示

（一）推动政府更好地履行主导责任

农村生态环境属于公共物品，政府对农村生态环境治理负有不可推卸的责任。欧美等发达国家政府积极介入农村生态环境治理，发挥政府在农村生态环境治理中的主导作用。美国政府颁布相关法律法规，为农村生态环境治理提供法律依据，开展多个生态环境治理项目，对农村生态环境进行治理和修复。欧盟建立农业生态补贴政策，政府对为农村生态环境治理做出特殊贡献的主体给予经济补贴。国内政府在农村生态环境治理进程中也处于主导地位，履行主导责任。湖南省注重规划先行，政府从各县农村生态实际出发，因地制宜，做好农村生态环境治理规划，同时处理好农村生态环境治理力度与村民接受度的关系，根据各县实际情况采取差异化对策，推动农村生态环境治理。浙江省坚持农村人居环境整治一把手责任制，强化政府主导作用，做好农村生态环境治理的规划编制、政策支持和试点示范工作，由政府牵头，层层落实，系统治理农村生态环境。因此，黑龙江省在农村生态环境政府治理过程中，政府也应发挥主导作用，建立完备的法律法规体系，完善农村生态环境治理相关政策，加强配套基础设施建设，使农村生态环境政府治理工作落到实处。

（二）促进公众参与农村生态环境治理

农村生态环境治理问题是一个复杂问题，与经济发展水平、社会发展程度、民主参与进程等多种因素密切相关，单靠政府无法很好地解决。国内外政府在治理农村生态环境过程中，整合社会各方利益，通过多种途径引导公众参与农村生态环境治理。美国通过设立生态环境教育机构、建立生态环境激励机制、提供充足的生态环境教育资金等方式，加强对公众的生态环境教育，培养公民的生态环保意识，提升生态环境治理公众参与度。欧盟建立农业生态补贴政策，通过经济补贴的方式激发农民参与农村

生态环境治理的积极性，引导农民在农业生产活动中采取有利于生态环境保护的生产方式，逐步改善农村生态环境。福建省创办全国第一所农村社区大学，邀请专家学者为农民讲解生态农业相关知识，引导农民调整农业生产方式，发展多样化农业经济，使农民成为农村经济发展和生态环境治理的主力军。浙江省融合系统性的治理主体，形成"政府主导、农民主体、部门配合、社会资助、企业参与、市场运作"的多元治理格局，使政府、市场、社会等在农村生态环境治理中发挥各自的作用，共同推动农村生态环境治理。因此，黑龙江省也应积极引导公众参与农村生态环境治理，构建政府、市场、社会之间的互动机制，形成农村生态环境治理合力，促进农村生态环境治理的良性发展。

（三）综合协调运用政府治理工具

农村生态环境治理需要通过多样化的手段来实现其综合格局的构建，治理手段的多样化实质上反映了政府治理工具的结构化，即综合协调运用政府治理工具对农村生态环境进行治理。国内外农村生态环境政府治理中，涉及多项政府治理工具。美国有效运用法规管制，颁布农村生态环境治理相关法律法规，为农村生态环境治理提供有力的法律支撑，通过法律法规的形式许可或禁止某些与农村生态环境相关的行为。美国设立专门的生态环境教育机构，加强对公众的生态环境教育，福建省创办农村社区大学，培养农村生态环境治理拔尖创新人才，则是组织领导和政策引导在农村生态环境政府治理中的运用。欧盟建立农业生态补贴政策，对采取有利于生态环境保护生产方式的农户以及其他为农村生态环境保护作出特别牺牲的主体给予经济补贴，是运用财政补贴引导公众参与农村生态环境治理。湖南省为提升农村人居环境与生态质量，立足农村生态实际，坚持因地制宜，尤其凤凰县以生态环境治理项目为抓手，采取"点线面"三步走的方式逐步开展工作是试点示范在农村生态环境政府治理中的运用。政府治理工具的选择与运用是否科学，关系到农村生态环境政府治理的效果，因此，黑龙江省在农村生态环境政府治理中，要合理构建政府治理工具箱，有效选择和运用政府治理工具，全面推进农村生态环境政府治理。

第四节　黑龙江省农村生态环境政府治理的路径选择

一、准确定位政府治理目标

（一）制定政府治理目标的价值原则

黑龙江省农村生态环境政府治理应树立目标意识，深刻认识目标管理对于农村生态环境治理的重要性，在设置目标时基于一定的价值原则，提高农村生态环境政府治理目标的科学性和合理性。

SMART 原则是目标管理的核心思想和准则，常用于企业目标管理。SMART 原则将目标分为五个维度，分别是目标的明确性（specific）、目标的可衡量性（measurable）、目标的可达性（attainable）、目标的关联性（relevant）、目标的时限性（time‒based）。黑龙江省在设定农村生态环境政府治理目标时，应积极借鉴企业的价值观念，制定政府治理目标的价值原则，完善目标指标的设定与分解，使目标的设置更加科学、合理、准确。黑龙江省农村生态环境政府治理目标的设定，应遵循以下原则：一是政府治理目标的明确性，应清楚地表述农村生态环境政府治理目标，不可模棱两可，并明确地将政府治理目标传达到农村生态环境政府治理的相关主体；二是政府治理目标的可衡量性，农村生态环境政府治理目标应尽可能量化，能用确切的数据或信息对政府治理目标的实现程度进行衡量；三是政府治理目标的可达性，农村生态环境政府治理目标不可过高或过低，应结合农村生态环境政府治理加以明确，对于发展程度不同的农村地区，应差异化制定生态环境政府治理目标；四是政府治理目标的关联性，设立政府治理目标时，应关注总目标和具体目标之间的关联情况，保证具体目标的完成对实现总目标有推动和助力作用；五是政府治理目标的时限性，农村生态环境政府治理目标应标注明确的截止时间，包括政府治理工作截止时间、政府治理绩效考核时间和政府治理目标实现时间，按步骤和计划进行农村生态环境政府治理工作，确保农村生态环境政府治理目标如期实现。

（二）厘清农村生态环境政府治理的总目标

农村生态环境政府治理的总目标对于有效开展农村生态环境政府治理工作意义重大。黑龙江省应厘清农村生态环境政府治理的总目标，基于政府治理的总目标，具体开展农村生态环境治理政府治理工作。

根据《黑龙江省农村人居环境整治三年行动实施方案（2018—2020 年)》，黑龙江省农村生态环境政府治理的总目标主要是：建立农村生态环境政府治理体系和村容村貌管护机制；村庄环境干净整洁有序；增强村民环境卫生意识。黑龙江省应提高政府治理的目标意识，深刻认识政府治理目标对于农村生态环境政府治理的重要性，厘清农村生态环境政府治理的总目标。第一，深刻领会农村生态环境政府目标的核心要点，准确把握农村生态环境政府治理目标的具体内涵。例如，村庄环境干净整洁有序的目标要求综合治理农村生活垃圾、农村生态污水、厕所粪污等与农村生态环境相关的内容；建立农村生态环境政府治理体系和村容村貌、增强村民环境卫生意识的目标只有在政府、农村企业、村民委员会、公众等多元主体的共同参与，且有效运用多样化政府治理手段的前提下才能实现。第二，基于农村生态环境政府治理目标的核心要点和具体内涵，合理选择农村生态环境政府治理内容，优化政府治理结构，有效运用政府治理工具，推动农村生态环境政府治理工作的有效开展和政府治理目标的顺利实现。

（三）明确农村生态环境政府治理的具体目标

《黑龙江省农村人居环境整治三年行动实施方案（2018—2020 年)》主要从目标层次、覆盖对象和目标要求三个方面对农村生态环境政府治理具体目标进行阐述。其中，黑龙江省农村生态环境政府治理具体目标的覆盖对象和目标要求并不清晰，需要进一步明确。

其一，准确界定覆盖对象。应准确界定"基本保障""改善提升""美丽宜居"三个目标层次分别覆盖的对象，明确说明"贫困村""地处偏远""基础条件较差""具有一定基础条件""经济基础条件较好""核心区及周边"等模糊陈述，确保目标层次间界限清晰，覆盖对象分离。

例如，用"农村 GDP 水平""村民年均收入"等量化的经济指标进一步解释说明"贫困村""基础条件较差""具有一定基础条件""经济基础条件较好"等与农村经济发展程度相关的表述，使得黑龙江省各个农村能以明确的经济指标为依据，对应于"基本保障""改善提升""美丽宜居"的目标层次，从而起到政府治理目标对农村生态环境政府治理的导向作用。

其二，量化阐述目标要求。应用定量的数据具体阐述"基本保障""改善提升""美丽宜居"三个目标层次分别对应的目标要求，突出农村生态环境政府治理目标的可衡量性和时限性。例如，规定"24 小时内对农村生活垃圾进行收运处理"，以此说明"村内生活垃圾及时收运处理"中所要求的及时程度；规定"行政村通硬化路率达到100%"，以此对"村内道路通行条件明显改善"中的改善程度提出量化要求。同理，应全面量化处理"人居环境治理明显提高""厕所粪污基本得到处理""村容村貌有较大提升"等表述中诸如"明显""基本""较大"的程度用词，确保政府治理目标明确具体且可衡量，从而为农村生态环境政府治理的绩效考评提供依据。

二、合理选择政府治理内容

（一）树立系统思维和全局观念

农村生态环境政府治理是一个系统，农村生活垃圾治理、厕所革命、农村生活污水治理、村容村貌、村庄规划编制和管理、建设和管护机制六方面具体内容相互联系，相互作用，是系统的六个要素。

黑龙江省应树立系统思维和全局观念，深刻认识农村生态环境政府治理具有的系统特性，即整体性、相关性、目的性和环境适应性，从农村生态环境政府治理的全局考虑，合理设计政府治理内容。其一，深刻认识农村生态环境政府治理的整体性。农村生态环境政府治理不是农村生活垃圾治理、厕所革命、农村生活污水治理、村容村貌、村庄规划编制和管理、建设和管护机制六个要素的简单叠加和拼凑，农村生态环境政府治理的效果不等同于六个要素的作用之和，还取决于各要素相互联系的协调程度。

其二，深刻认识农村生态环境政府治理的相关性。农村生活垃圾治理、厕所革命、农村生活污水治理、村容村貌、村庄规划编制和管理、建设和管护机制六个要素之间是相互依赖、相互联系和相互作用的。例如，农村生活垃圾的有效治理有助于农村生活污水的治理；村容村貌的提升要以农村生活垃圾治理、厕所革命、农村生活污水治理的有效性为前提；村庄规划编制和管理、建设和管护机制为农村生活垃圾治理、厕所革命、农村生活污水治理提供制度保障。其三，深刻认识农村生态环境政府治理的目的性。农村生态环境政府治理具有明确的目的，其最终目的是改善农村生态环境，促进经济社会的可持续发展，实现人民对美好生活的向往。其四，深刻认识农村生态环境政府治理的环境适应性。农村生态环境政府治理处于一定的环境之中，政府治理内容不是一成不变的，而是根据农村生态环境治理相关政策、农村生态环境治理实践等外部环境的变化不断发生调整和改变。

（二）重点关注突出环境问题

农村生态环境政府治理是一个系统，农村生态环境政府治理内容各个要素要整体推进，但全面把握农村生态环境政府治理内容并不意味着农村生态环境政府治理内容各个要素是完全平等、不分主次的。2018 年 10 月，中央第三环保督察组指出，黑龙江省农业农村污染治理力度不大，畜禽养殖污染治理推进缓慢，"垃圾围村"问题突出。由此说明，黑龙江省在农村生活垃圾治理和畜禽养殖污染治理两方面问题比较突出，需系统规划，着重治理。

黑龙江省要在把握农村生态环境治理全局的基础上，准确识别农村生态环境政府治理的重点，着力解决农村生活垃圾治理和畜禽养殖污染治理问题。

在农村生活垃圾治理方面，黑龙江省应结合实际，坚持"统筹考虑、分类指导、经济适用、保证效果"的原则，为农村生活垃圾治理工作制定详细规划，确定农村生活垃圾治理的目标任务、资金投入、责任部门和保障措施；加强对村民的引导，强化村民的垃圾分类意识，推行农村生活垃圾源头分类投放、分类处理；开展农村生活垃圾治理试点，形成示范带动效应，探索推进农村生活垃圾有效治理的路径，逐步提高农村生活垃圾无害化处理水平。

在畜禽养殖污染治理方面，黑龙江省应积极推进畜禽养殖污染减排工程建设，以规模化畜禽养殖场污染防治为重点，对畜禽养殖全过程进行综合治理，加强相关配套设施的建设和改造升级。同时，加大政策扶持力度，鼓励养殖场改进畜禽养殖方式，提高规模化管理水平，推进畜禽排泄物肥料化、能源化和饲料化，提高畜禽养殖废弃物资源化利用比例。

（三）建立生态环境长效管护机制

农村生态环境治理，前期关键在整治，中期关键在建设，最后关键在管护。生态环境管护机制不健全会导致农村生态环境治理回潮和反弹。黑龙江省已将建设和管护机制作为农村生态环境政府治理的重要内容之一，但要深层次解决农村生态环境政府治理问题，还应进一步健全和完善生态环境长效管护机制，将农村生态环境政府治理内容落到实处。

第一，落实农村生态环境管护责任。乡（镇）人民政府与各村委签订《农村生态环境管护责任书》，明确乡（镇）人民政府和村民委员会都是农村生态环境管护的主体，督促村集体组织建立管护责任制，将农村生态环境管护责任具体落实到村干部、村代表和其他村民身上，在明确管护责任的基础上层层抓落实。

第二，建立健全生态环境管护激励机制。一是建立财政补助机制。由黑龙江省市级、区县财政落实农村生态环境管护经费，将农村生态环境管护经费纳入财政预算，确保农村生态环境管护经费充足。二是建立管护资金使用激励机制。将财政管护经费使用与农村生态环境管护绩效挂钩，坚持"谁积极支持谁、谁管得好支持谁"的原则，以奖代补，结存滚动使用。

第三，加强农村生态环境管护的监督管理。由省、市、县、乡人民政府组织人员，对农村生态环境管护进行监督检查，加强管理。检查内容主要包括农村生态环境管护成效、管护经费的使用情况和管护工作的实施情况，管护工作的实施情况具体包括是否编制管护细则、是否签订管护责任书、是否建立管护责任制、是否对相关人员进行培训。

三、优化政府治理结构

（一）把握政府治理结构的原则

政府治理结构强调政府治理主体的多元化以及治理主体间通过协商、合作等形式达到的平衡与和谐关系。农村生态环境政府治理结构应体现民主性原则、合作性原则、责任性原则和透明性原则。

民主性原则是保证政府、市场和社会等多元主体平等参与农村生态环境治理的前提。黑龙江省应致力于构建农村生态环境治理主体间的平等协商与伙伴关系，要求政府、市场和社会等主体在地位上相互尊重，在农村生态环境治理过程中相互支持，确保各主体都享有农村生态环境治理的知情权、参与权和监督权。

合作性原则是民主性原则的延伸，也是农村生态环境政府治理能取得成效的关键。在黑龙江省农村生态环境政府治理中，政府、市场和社会等治理主体应密切合作，共同治理农村生态环境，共担农村生态环境治理风险，形成良性互动的合作关系，以实现黑龙江省农村生态环境利益的最大化。

责任性原则是指农村生态环境治理主体对农村生态环境发展负有法律责任和社会责任。政府、市场和社会在农村生态环境治理中是平等合作关系，但不可否认，农村生态环境治理是典型的公共事务，政府处于主导地位，应承担生态治理的核心责任。因此，黑龙江省政府应认真履行管理公共事务的职责，实施积极的农村生态环境政策，畅通市场和社会参与农村生态环境治理的渠道，确保各主体都能积极承担农村生态环境治理的相应责任。

透明性原则是保障公众环境权利，实现生态参与的必然要求。黑龙江省政府应积极主动地公开农村生态环境信息，确保公开信息的全面性、准确性和及时性，推进农村生态环境信息实时共享，从而满足公众的环境知情权，推动农村生态环境治理主体间实现有效的协商与合作。

（二）推动政府与市场、社会的良性互动

优化农村生态环境政府治理结构，应基于民主性、合作性、责任性和透明性原则，不断推动政府与市场、社会在农村生态环境治理中的良性互动。

其一，推动政府与市场的良性互动。政府承担农村生态环境治理的核心责任，并不意味政府要直接从事农村生态环境治理产品和服务的生产活动。与政府相比，市场在农村生态环境资源配置上更有效率。因此，黑龙江省政府应在运用市场机制的基础上制定农村生态环境治理政策，通过排污交易、环境税费、环保审计和认证等手段规范企业行为，引导企业树立绿色企业文化，积极改造落后的生产设备和工艺，在追求经济利益的同时，自觉参与农村生态环境治理，承担保护农村生态环境的社会责任，从而充分发挥市场在农村生态资源配置上的有效性，实现政府与市场在农村生态环境治理中的良性互动。

其二，推动政府与社会的良性互动。公众、基层组织、非政府组织等社会主体的参与是农村生态环境政府治理的有效助力。黑龙江省应积极培育社会主体的生态责任意识，提升农村生态环境治理的社会参与度，实现政府与社会的良性互动。首先，充分利用互联网、微平台等载体，大力宣传农村生态环境治理的重要性，开展话剧、公益讲座等以农村生态环境治理为主题的活动，营造良好的舆论氛围，培育公民的生态环境保护意识。其次，积极推动村民委员会充当政府与村民之间的桥梁，协助政府做好农村生态环境治理规划，组织落实政府工作部署，促进农村环境资源的优化配置和合理布局，调动农村内部资源投入农村生态环境治理中。最后，鼓励非政府组织在寻求财政支持的同时，提高自主创收能力，借鉴国外非政府组织在农村生态环境治理上的先进经验，提升参与农村生态环境治理的能力。

（三）建立政府治理结构的制度性保障机制

优化农村生态环境政府治理结构，需要建立和完善一系列相应的制度性保障机制。首先，建立合理的干部人事考核机制。将农村生态治理绩效

纳入政绩考核标准，作为黑龙江省各级政府官员职位升迁的重要参考依据，断绝政府的粗放型经济增长冲动，促进政府官员不断提高生态意识，积极投身于农村生态环境治理。其次，建立和完善农村生态信息公开制度。明确农村生态环境信息公开的主体，细化公开范围，具体列举相关部门应主动公开的农村生态环境信息种类，对于依申请公开的信息，应具体阐述申请的程序和依申请公开信息的责任部门，避免政府信息公开不作为和相互推诿的现象，确保公众享有农村生态环境信息知情权。再次，强化生态问责制度。对没有积极履行农村生态环境治理责任的政府部门和官员进行问责，对瞒报假报漏报农村生态信息、农村生态环境治理不作为、以农村生态环境治理权谋私利等行为的行为主体进行责任追究，追究其政治责任、领导责任、经济责任和法律责任等。此外，建立良好的对话协商机制。其一，构建农村生态环境治理主体间对话协商的平台，如公众论坛、网络社区等，推动政府、市场和社会等主体在农村生态环境治理问题上积极开展协商与合作；其二，构建政府对公众的回应机制，对于公众提出的农村生态环境治理热点问题，政府应及时给予解释与回应，消除公众困惑。最后，建立有效的公众参与机制。加快政治制度建设，如参政议政制度、听证制度、社会监督制度等，拓宽公众参与农村生态环境治理的渠道，使农村生态环境治理利益相关主体都能平等参与农村生态环境治理决策过程。

四、有效选择和运用政府治理工具

（一）明确政府治理工具选择的原则

政府治理工具的选择应遵循多元理性原则、适切性原则和组合性原则。

首先，黑龙江省农村生态环境政府治理工具的选择应坚持多元理性原则。农村生态环境政府治理工具不是自然而来形成的，而是一种有目的、有计划的理性择优行为。在黑龙江省农村生态环境政府治理现实中，政府治理行动主体无法掌握农村生态的全部信息，也无法认识决策的详尽规律，农村生态环境政府治理工具的选择应以有限理性为基础。同时，作为治理工具选择最重要的主体，政府在农村生态环境治理上追求的目标和利益是多元的，应综合考虑经济理性、技术理性和社会理性，以及市场、社会等多元主体的利益。因此，黑龙江省农村生态环境政府治理工具的选择不完全是政府理性择优的过程，应坚持多元理性原则。

其次，黑龙江省农村生态环境政府治理工具的选择应坚持适切性原则。适切性原则是指政府治理工具的特征与治理内容应匹配。黑龙江省农村生态环境治理内容包括农村生活垃圾治理、厕所革命、农村生活污水治理、村容村貌、村庄规划编制和管理、完善建设和管护机制等方面。不同治理内容有其自身的特点，需要选择有针对性的治理工具。因此，黑龙江省农村生态环境政府治理工具的选择应坚持适切性原则，综合考虑治理工具的特征和治理内容的匹配程度，基于特定时期农村生态环境政府治理的重点内容，有针对性地选择和调整政府治理工具。

最后，黑龙江省农村生态环境政府治理工具的选择应坚持组合性原则。具体而言，是指基于农村生态环境问题的复杂性，在选择农村生态环境政府治理工具时遵循互补与包容的原则，综合选择多种类型的治理工具，并调整好治理工具的结构，使每种治理工具都能最大限度地发挥作用。供给型政策工具、需求型政策工具和环境型政策工具各有其特点，无绝对优劣，单靠某一种类型的政策工具无法完全适应和解决农村生态环境问题。因此，黑龙江省在选择农村生态环境政府治理工具时，应坚持组合性原则，综合考虑供给型政策工具、需求型政策工具和环境型政策工具，并调整好各类政策工具的内部结构，根据治理工具的特性对不同治理工具进行有效组合。

（二）优化政府治理工具的结构

不同的政府治理工具有其各自的优势和特点，在农村生态环境政府治理的适用性上也存在较大差异。黑龙江省农村生态环境治理需要根据政策工具的特点进行协调和互补，优化政策工具的结构，从而提升农村生态环境政府治理的效果。从政策工具的整体结构上看，黑龙江省农村生态环境政府治理应调整供给型政策工具、需求型政策工具和环境型政策工具三类政策工具的结构，积极推动需求型政策工具的运用，通过市场化的政策工具充分调动社会力量参与农村生态环境治理。从各类政策工具的内部结构上看，黑龙江省农村生态环境政府治理应调整需求型政策工具和环境型政策工具的内部结构。市场的不断发育和社会力量的逐步发展为探索农村生态环境政策工具提供了条件，尤其政府采购和公私合作的方式可以减轻政府治理农村生态环境的压力。因此，黑龙江省农村生态环境政府治理在增加需求型政策工具运用的同时，应调整需求型政策工具的内部结构，加大政府采购和公私合作的运用比例，使需求型政策工具中的试点示范、财政补贴、政府采购、公私合作以及海外交流都能充分发挥各自的作用。此外，黑龙江省农村生态环境政府治理模式尚未成熟，环境型政策工具在今后一段时期内仍需占据一定比例。因此，黑龙江省农村生态环境政府治理应进一步优化环境型政策工具的内部结构，合理增加税收优惠，适当减少法规管制等强制性较强的条款，为农村生态环境政府治理创造良好的环境。

（三）完善政府治理工具的制度设计

制度设计关系到农村生态环境政府治理工具运用的持续性和合理性，也关系到农村生态环境政策的稳定性，是解决农村生态环境政府治理问题的根本。首先，黑龙江省政府应积极推动农村生态环境治理的立法，结合黑龙江省农村生态环境治理的具体情况和实际需要，制定专门的地方性法规和政府规章，将当前成熟的农村生态环境政策工具上升到法律层面，并进一步健全相关配套政策与细则，逐步从法律法规、长期规划和治理规范等方面完善农村生态环境政策工具体系，确保农村生态环境政策的长效性和稳定性。其次，政府是政策工具选择和运用最重要的主体，黑龙江省农村生态环境治理需要省、市、县、乡各级政府的共同配合，因此，需明晰黑龙江省各级政府在农村生态环境治理方面的主体责任，建立各级政府间的沟通和协同机制，形成政府间政策工具运用的系统性和协同性。最后，黑龙江省应加强农村生态环境政策的执行力度，在贯彻落实生态环境部提出的行政执法公示制度、执法全过程记录制度和重大执法决定法治审核制度的前提下，将供给型政策工具、需求型政策工具和环境型政策工具的实施细则落到实处，并加强对农村生态环境政策工具使用效果的评估，确保各类政策工具能够发挥预设的作用和效果。

参考文献

［1］［美］阿格拉诺夫，麦圭尔．协作性公共管理：地方政府新战略［M］．李玲玲，鄞益奋，译．北京：北京大学出版社，2007．

［2］［美］埃莉诺·奥斯特罗姆．公共事物的治理之道［M］．余逊达，陈旭东，译．上海：上海译文出版社，2000．

［3］［美］埃莉诺·奥斯特洛姆．应对气候变化问题的多中心治理体制［J］．谢来辉，译．国外理论动态，2013（2）：80 –87．

［4］［美］保罗·萨缪尔森，威廉·诺德豪斯．经济学：第十九版［M］．萧琛等，译．北京：商务印书馆，2012．

［5］本书编写组．中共中央国务院关于实施乡村振兴战略的意见［M］．北京：人民出版社，2018．

［6］曹剑光．国内地方治理研究述评［J］．东南学术，2008（2）：65 –72．

［7］曹蛟星．生态功能区建设中政府行为失范的具体表现与诱发因素分析［J］．云南行政学院学报，2015，3（1）：50 –55．

［8］陈刚，蓝艳．大数据时代环境保护的国际经验及启示［J］．环境保护，2015（19）：34 –37．

［9］陈海秋．转型期中国城市环境治理的模式选择与制度创新研究［J］．城市管理与科技，2010，12（2）：32 –35．

［10］陈庆云．公共管理基本模式初探［J］．中国行政管理，2000（8）：31 –33．

［11］陈武权．江西省环保大数据平台建设思考［J］．江西科学，2017，35（6）：997 –1000．

［12］陈永国，董葆茗，柳天恩．京津冀协同治理雾霾的“经济—社会—技术”政策工具选择［J］．经济与管理，2017，31（5）：17 –21．

［13］陈彧洁. 城镇化进程中农村学前教育均衡布局的政策工具分析——基于部分 OECD 国家的案例［J］. 教育与教学研究，2020，34（6）：86－94.

［14］陈振明. 政策科学——公共政策分析导论［M］. 北京：中国人民大学出版社，2003.

［15］陈振明. 政策科学教程［M］. 北京：科学出版社，2015.

［16］陈振明等. 政府工具导论［M］. 北京：北京大学出版社，2009.

［17］成金华，吴巧生. 中国工业化进程中的环境问题与"环境成本内化"发展模式［J］. 管理世界，2007（1）：147－148.

［18］褚宏启. 新时代需要什么样的教育公平：研究问题域与政策工具箱［J］. 教育研究，2020，41（2）：4－16.

［19］［美］戴维·奥斯本，特德·盖布勒. 改革政府：企业精神如何改革着公营部门［M］. 周敦仁等，译. 上海：上海译文出版社，2013.

［20］党秀云，郭钰. 跨区域生态环境合作治理：现实困境与创新路径［J］. 人文杂志，2020（3）：105－111.

［21］丁开杰，刘英，王勇兵. 生态文明建设：伦理、经济与治理［J］. 马克思主义与现实，2006（4）：19－27.

［22］董珍. 生态治理中的多元协同：湖北省长江流域治理个案［J］. 湖北社会科学，2018，3（1）：84－91.

［23］杜英歌. 我国国家治理体系结构复杂性分析［J］. 北京行政学院学报，2016（2）：35－40.

［24］樊艳芳. 生态文明建设攻坚期农村生态治理的出路［J］. 农业经济，2019（8）：32－33.

［25］范建华. 乡村振兴战略的时代意义［J］. 行政管理改革，2018（2）：16－21.

［26］冯少荣，冯康巍. 基于统计分析方法的雾霾影响因素及治理措施［J］. 厦门大学学报（自然科学版），2015，54（1）：114－121.

［27］冯阳雪，徐鲲. 农村生态环境治理的政府责任：框架分析与制度回应［J］. 广西社会科学，2017（5）：125－129.

［28］傅媚梦. 习近平生态文明思想的内涵及其生成逻辑［J］. 中学政治教学参考，2019（2）：18－20.

[29] 甘黎黎. 我国环境治理的政策工具及其优化 [J]. 江西社会科学, 2014, 34 (6): 199 – 204.

[30] 高海清. 农村生态环境治理的社区促动机制分析 [J]. 经济问题探索, 2015 (4): 41 – 43.

[31] 高明, 廖小萍. 我国大气污染治理产业发展因素分析 [J]. 中国环保产业, 2014 (4): 36 – 40.

[32] 高小平. 落实科学发展观加强生态行政管理 [J]. 中国行政管理, 2018, 5 (1): 45 – 49.

[33] 高玉娟, 孟庆凯, 李丽. 黑龙江省生态文明建设现状及对策分析 [J]. 林业经济, 2018, 40 (5): 10 – 14, 69.

[34] 顾杰, 张述怡. 我国地方政府的第五大职能——生态职能 [J]. 中国行政管理, 2015 (10): 43 – 46.

[35] 顾爽, 史孟娅. 临汾市大气污染治理困境浅析——基于政策工具视角 [J]. 城市建设理论研究 (电子版), 2019 (2): 207 – 208.

[36] 郭强. 可持续发展思想与可持续发展政策 [J]. 社会治理, 2019 (1): 26 – 34.

[37] 郭世军. 习近平"两山"理论的三重境域与价值向度 [J]. 中学政治教学参考, 2020 (9): 16 – 19.

[38] 郭永园, 白雪赟, Chen Li. 新时代生态文明与政治文明协同发展的路径分析 [J]. 生态文明新时代, 2019 (1): 44 – 67.

[39] 韩兆柱. 京津冀生态治理的府际合作路径研究——以网络化治理为视角 [J]. 人民论坛学术前沿, 2018, 18 (1): 75 – 83.

[40] 何修猛. 习近平生态文明思想的话语框架 [J]. 实事求是, 2019 (1): 20 – 26.

[41] 胡昊, 徐富春, 韩季奇, 尚屹, 张孟奇. 基于顶层设计方法的生态环境大数据总体框架研究 [J]. 中国环境管理, 2018, 10 (4): 107 – 113.

[42] 胡江霞. 生态经济学若干理论问题研究综述 [J]. 西部经济管理论坛, 2019, 30 (5): 66 – 72.

[43] 胡民. 基于制度创新的排污权交易环境治理政策工具分析 [J].

商业时代，2011（19）：88 - 90.

［44］胡乔石，杨剑 . 乡村振兴：农村生态环境多中心治理的现实反思与路径选择［J］. 安徽农业大学学报（社会科学版），2018，27（6）：33 - 39.

［45］胡守钧 . 优化共生关系 化解社会问题［J］. 探索与争鸣，2012（10）：14 - 15.

［46］胡小文 . 跨境资本宏观审慎工具选择及货币政策搭配研究［J］. 国际金融研究，2020（11）：55 - 65.

［47］华建宝 . 习近平生态文明思想的科学思维［J］. 党政论坛，2018（10）：22 - 24.

［48］华杰 . 孙子兵法与团队管理［M］. 成都：西南财经大学出版社，2015.

［49］滑冬玲 . 金融危机后中国金融改革的政策方向前瞻［J］. 财会研究，2010（14）：76 - 77.

［50］黄少安，刘阳荷 . 科斯理论与现代环境政策工具［J］. 学习与探索，2014（7）：1，93 - 98.

［51］贾小梅，王亚男，陈颖，于奇，董旭辉 . 乡村振兴战略下的农村生态环境管理对策研究［J］. 环境与可持续发展，2018，43（6）：108 - 112.

［52］蒋月锋，杜东芳 . 试论民族区域自治的主体——基于公民治理维度的分析［J］. 西北成人教育学院学报，2015（3）：77 - 79.

［53］鞠昌华，张慧 . 乡村振兴背景下的农村生态环境治理模式［J］. 环境保护，2019，2（1）：25 - 27.

［54］［美］莱斯特·M. 萨拉蒙 . 政府工具：新治理指南［M］. 肖娜等，译 . 北京：北京大学出版社，2016.

［55］李安安 . 资本市场中金融创新的法律困局及其突围［C］// 王卫国 . 金融法学家（第七辑）. 北京：中国政法大学出版社，2015：105 - 114.

［56］李昂，汤书昆 . 城市治理生态：创新视角下的内涵与建构——以苏州纳米产业生态治理为例［J］. 科技管理研究，2016，36（24）：157 - 163.

［57］李代明．地方政府生态治理绩效考评机制创新研究［D］．湘潭：湘潭大学，2018．

［58］李干杰．以习近平新时代中国特色社会主义思想为指导奋力开创新时代生态环境保护新局面［J］．环境保护，2018，46（5）：7－19．

［59］李红霞．普惠性民办幼儿园教师队伍建设中政府治理工具的运用现状及优化策略研究［J］．河南教育（幼教），2020（5）：6－12．

［60］李华，龚健．生态文明背景下的土地整治思考［J］．中国土地，2018（11）：45－46．

［61］李津石．教育政策工具研究的发展趋势与展望［J］．国家教育行政学院学报，2013（5）：45－49．

［62］李津石．我国高等教育"教育工程"的政策工具分析［J］．中国高教研究，2014（7）：42－47．

［63］李锟，朱珠，赖梅东．环境大数据在生态环境管理中的应用前景［J］．中国战略新兴产业，2018（40）：9－10．

［64］李晟旭．我国环境政策工具的分类与发展趋势［J］．环境保护与循环经济，2010，30（1）：22－24．

［65］李伟伟．中国环境政策的演变与政策工具分析［J］．中国人口·资源与环境，2014，24（S2）：107－110．

［66］李晓玉，蔡宇庭．政策工具视角下中国环境保护政策文本量化分析［J］．湖北农业科学，2017，56（12）：2385－2390．

［67］李昕．城市生态环境治理中的公众参与制度的认知与建构［J］．法学研究，2019，2（1）：97－101．

［68］李雪松，孙博文，吴萍．习近平生态文明建设思想研究［J］．湖南社会科学学报，2016（3）：14－18．

［69］李妍辉．从"管理"到"治理"：政府环境责任的新趋势［J］．社会科学家，2011（10）：51－54．

［70］李尧磊，韩承鹏．解决公共治理失灵须政府还权与社会承权并行［J］．领导科学，2018，24（1）：20－21．

［71］梁丽．利益激励视角下地方政府行为偏好与环境规制效应分析［J］．领导科学，2018，32（1）：25－29．

[72] 刘爱莲，李莹．论当前中国政府治理理论的层次结构 [J]．江苏大学学报（社会科学版），2011，13（6）：94-96．

[73] 刘丹鹤．环境规制工具选择及政策启示 [J]．北京理工大学学报（社会科学版），2010，12（2）：21-26，86．

[74] 刘广磊，任泽伟．关于政府治理能力的研究综述 [J]．中共乐山市委党校学报（新论），2011，13（5）：50-53，58．

[75] 刘桂花，吴梅．新农村建设背景下的农村治理途径分析研究 [J]．理论与改革，2007（2）：84-86．

[76] 刘海霞，胡晓燕．我国生态问责制运行的困境与对策 [J]．中南林业科技大学学报（社会科学版），2019，1（1）：18-22．

[77] 刘海霞，胡晓燕．习近平生态治理思想探析 [J]．实事求是，2018（3）：10-13．

[78] 刘海英，张秀秀．政府雾霾治理绩效评价指标体系的构建研究 [J]．环境保护，2015，43（Z1）：58-61．

[79] 刘环环．工业企业节能政策工具选择模型研究 [D]．大连：大连理工大学，2009：54．

[80] 刘娟，任亮．协商民主视角下生态治理的制度框架与路径探析 [J]．山西师大学报（社会科学版），2017，44（3）：63-67．

[81] 刘太刚，龚志文．华北雾霾区域合作治理的治本之策：房地产的省市际合作限产 [J]．天津行政学院学报，2015，17（3）：37-43．

[82] 刘涛，范明英．协同治理变革的动力转化：基于"能量"耗散聚合的分析维度 [J]．湖北社会科学，2015（1）：34-39．

[83] 刘薇．区域生态经济理论研究进展综述 [J]．北京林业大学学报（社会科学版），2009，8（3）：142-147．

[84] 刘祥国．循环经济立法的内涵与必要性思考 [J]．湖南人文科技学院学报，2010（6）：23-25．

[85] 刘尧．地方政府环境管理失灵的成因及对策 [J]．现代经济探讨，2018，10（1）：16-20．

[86] 刘祖云，沈费伟．农村环境善治的逻辑重塑——基于利益相关者理论的分析 [J]．中国人口·资源与环境，2016，26（5）：32-38．

［87］龙献忠，杨柱．治理理论：起因、学术渊源与内涵分析［J］．云南师范大学学报（哲学社会科学版），2007（4）：30 - 34.

［88］娄文龙，张娟．政策工具视角下住房保障政策文本量化研究——基于改革开放 40 年的考察［J］．四川理工学院学报（社会科学版），2019，34（5）：1 - 23.

［89］罗庆俊，游波．构建重庆市一体化环保物联网［J］．环境保护，2014，42（7）：62 - 63.

［90］罗西瑙．没有政府的治理［M］．南昌：江西人民出版社，2001.

［91］罗勇．生态环境制度的经济学分析与强化方向［J］．辽宁大学学报（哲学社会科学版），2018，6（1）：63 - 68.

［92］马生军，刘云喜．生态法治建设需优化群众参与机制［J］．人民论坛，2019（14）：92 - 93.

［93］［加］迈克尔·豪利特，M. 拉米什．公共政策研究：政策循环与政策子系统［M］．庞诗等，译．北京：生活·读书·新知三联书店，2006.

［94］毛寿龙．西方政府的治道变革［J］．北京：中国人民大学出版社，1998.

［95］孟庆国，杜洪涛，王君泽．利益诉求视角下的地方政府雾霾治理行为分析［J］．中国软科学，2017（11）：66 - 76.

［96］苗壮，周鹏，王宇，孙作人．节能、"减霾"与大气污染物排放权分配［J］．中国工业经济，2013（6）：31 - 43.

［97］木其坚．节能环保产业政策工具评述与展望［J］．中国环境管理，2019，11（6）：44 - 49.

［98］［澳］欧文·E. 休斯．公共管理导论［M］．张成福，马子博，译．北京：中国人民大学出版社，2001.

［99］欧阳恩钱．多中心环境治理制度的形成及其对温州发展的启示［J］．中南大学学报（社会科学版），2006，12（1）：47 - 51.

［100］潘鹤思，李英，柳洪志．央地两级政府生态治理行动的演化博弈分析——基于财政分权视角［J］．生态学报，2019，39（5）：1772 - 1783.

［101］秦颖，徐光．环境政策工具的变迁及其发展趋势探讨［J］．改

革与战略，2007（12）：51－54，72.

[102] 邱志强，金世斌，于水. 地方政府治理能力结构与提升路径 [J]. 发展研究，2015（6）：71－76.

[103] 曲婧. 全球生态环境治理的目标与合作倡议 [J]. 行政论坛，2019，1（1）：110－115.

[104] 沈费伟，刘祖云. 农村环境善治的逻辑重塑——基于利益相关者理论的分析 [J]. 中国人口·资源与环境，2016，26（5）：32－38.

[105] 沈佳文. 地方政府生态职能：体制困境与转型诉求 [J]. 天津行政学院学报，2016，18（4）：40－45.

[106] 沈小波. 环境经济学的理论基础、政策工具及前景 [J]. 厦门大学学报（哲学社会科学版），2008（6）：19－25，41.

[107] 盛辉. 习近平生态思想及其时代意蕴 [J]. 求实，2017（9）：4－13.

[108] 施雪华. 国外治理理论对中国国家治理体系和治理能力现代化的启示 [J]. 学术研究，2014（6）：31－36.

[109] 石敏俊，范宪伟，逢瑞，陈旭宇. 透视中国城市的绿色发展——基于新资源经济城市指数的评价 [J]. 环境经济研究，2016，1（2）：46－59.

[110] 时影. 利益视角下地方政府选择性履行职能行为分析 [J]. 甘肃社会科学，2018，2（1）：244－249.

[111] 宋英杰. 基于成本收益分析的环境规制工具选择 [J]. 广东工业大学学报（社会科学版），2006（1）：29－31.

[112] 隋小昭，薛忠义. 马克思主义群众观与公共生态治理 [J]. 人民论坛，2018，28（1）：100－101.

[113] 孙鳌. 治理环境外部性的政策工具 [J]. 云南社会科学，2009（5）：94－97.

[114] 孙丹，李宏瑾. 经济新常态下我国货币政策工具的创新 [J]. 南方金融，2017（9）：10－17.

[115] 谭莉莉. 网络治理模式探析 [J]. 甘肃农业，2006（6）：209－210.

[116] 檀庆瑞. 广西环保大数据建设的实践与思考 [J]. 环境保护, 2015, 43 (19): 38 - 39.

[117] [美] 唐纳德·凯特尔. 权力共享: 公共治理与私人市场 [M]. 孙迎春, 译. 北京: 北京大学出版社, 2009.

[118] 陶红茹, 蔡志军. 小城镇生态治理困境及其现代化转型——以长江经济带为例 [J]. 湖北社会科学, 2018 (10): 56 - 63.

[119] 陶学荣, 崔运武. 公共政策分析 [M]. 武汉: 华中科技大学出版社, 2008: 250 - 251.

[120] 陶学荣, 熊节春. 现代公共行政的伦理意蕴——基于"新公共服务"范式的分析 [J]. 中国行政管理, 2008, 281 (11): 114 - 117.

[121] 陶学荣. 公共政策学 [M]. 大连: 东北财经大学出版社, 2006.

[122] [美] 托马斯·戴伊. 理解公共政策 (第 11 版) [M]. 孙彩红, 译. 北京: 北京大学出版社, 2008.

[123] 汪杰贵. 基于村庄治理系统困境突破的村庄治理现代化路径: 一个分析框架 [J]. 农业经济问题, 2018 (9): 85 - 95.

[124] 汪自书, 胡迪. 我国环境管理新进展及环境大数据技术应用展望 [J]. 中国环境管理, 2018, 10 (5): 90 - 96.

[125] 王从彦, 刘丽萍. 新时代公众对政府生态职能的认知探析 [J]. 辽宁行政学院学报, 2019 (6): 88 - 92.

[126] 王芳, 邓玲. 乡村振兴背景下农村生态的现代化转型 [J]. 甘肃社会科学, 2019 (3): 101 - 108.

[127] 王红梅. 中国环境规制政策工具的比较与选择——基于贝叶斯模型平均 (BMA) 方法的实证研究 [J]. 中国人口·资源与环境, 2016, 26 (9): 132 - 138.

[128] 王宏斌, 陈一兵. 论全球环境治理及其历史局限性——国际政治的视角 [J]. 世界经济与政治论坛, 2005 (2): 62 - 66.

[129] 王库. 中国政府生态治理模式研究——以长白山保护开发区为个案 [D]. 长春: 吉林大学, 2009.

[130] 王琳琳. 大连市环境治理政策工具有效选择研究 [D]. 大连: 东北财经大学, 2013.

[131] 王顺林，陈一芳.刍议智慧生态环境内涵及作用机理——以浙江宁波为例 [J].商业时代，2014 (24)：31 – 33.

[132] 王伟.我国民办幼儿园教育质量保障的政府治理工具困境及应对 [J].中国教育学刊，2017 (1)：35 – 39.

[133] 王雪梅.共生理论视阈下的生态治理方式研究 [J].理论月刊，2018 (3)：159 – 165.

[134] 王有强，董红.欧盟农业生态补贴政策及其对中国的启示 [J].世界农业，2017 (1)：87 – 90，108.

[135] 毋世扬.公共物品理论与政府经济行为定位 [J].商，2015 (24)：30.

[136] 吴尔.乡村振兴背景下农村生态环境治理困境与破解路径研究——基于社会变迁的分析视角 [J].安徽农业科学，2020，48 (5)：259 – 262，275.

[137] 吴合文.改革开放以来我国高等教育政策工具的演变分析 [J].高等教育研究，2011，32 (2)：8 – 14.

[138] 吴俊，姜尚杨帆，李晓华.我国区域 5G 产业政策比较研究——基于政策目标、工具和执行的分析 [J].情报杂志，2020，39 (6)：104 – 112.

[139] 习近平.推动我国生态文明建设迈上新台阶 [J].资源与人居环境，2019 (2)：6 – 9.

[140] 夏玉森.河北省环境—经济投入产出模型及实证分析 [J].统计与管理，2016 (11)：42 – 45.

[141] 肖芬蓉，王维平.长江经济带生态环境治理政策差异与区域政策协同机制的构建 [J].重庆大学学报（社会科学版），2019，3 (1)：15 – 19.

[142] 肖建华，彭芬兰.试论生态环境治理中政府的角色定位 [J].中南林业科技大学学报（社会科学版），2007 (2)：10 – 13.

[143] 谢康.中国地方政府治理结构的历史变迁 [J].青岛农业大学学报，2010 (1)：71 – 74.

[144] 熊德威.发展大数据构建环境管理"千里眼、顺风耳、听诊器"——贵州环保大数据实践与发展建议 [J].环境保护，2015，43

（19）：40 – 42.

[145] 熊晓青，姚俊智. 农村环境保护困境的立法应对 [J]. 法治论坛，2018（4）：142 – 158.

[146] 休斯. 公共管理导论 [M]. 北京：中国人民大学出版社，2001.

[147] 徐顽强，王文彬. 乡村振兴的主体自觉培育：一个尝试性分析框架 [J]. 改革，2018（8）：73 – 79.

[148] 徐晓兰，李颋. 2018："智慧社会来了，你准备好了吗"[N]. 光明日报，2018 – 02 – 01.

[149] 薛晓源，陈家刚. 从生态启蒙到生态治理——当代西方生态理论对我们的启示 [J]. 马克思主义与现实，2005（4）：18.

[150] 严丹屏，王春凤. 生态环境多中心治理路径探析 [J]. 中国环境管理，2010（4）：19 – 22.

[151] 严燕，刘祖云. 我国现阶段的环境冲突问题及其治理 [J]. 河南社会科学，2014，22（12）：7 – 11.

[152] 杨昌德. 大力实施贵州大数据战略 [J]. 理论与当代，2015（5）：18 – 20.

[153] 杨庆育. 地方政府治理能力现代化的理性阐释 [J]. 重庆社会科学，2016（2）：29 – 39.

[154] 杨志军，耿旭，王若雪. 环境治理政策的工具偏好与路径优化——基于43个政策文本的内容分析 [J]. 东北大学学报（社会科学版），2017，19（3）：276 – 283.

[155] 姚俊. 中国高等教育政策工具选择的嵌入性研究——一个解释性分析框架 [J]. 江苏高教，2017（3）：15 – 19.

[156] 姚威，胡顺顺，储昭卫. 中国省域战略性新兴产业政策工具体系研究——基于政策指数统计分析 [J]. 科技管理研究，2020（7）：26 – 34.

[157] 易志斌. 跨界水污染的网络治理模式研究 [J]. 生态经济，2012（12）：165 – 168，173.

[158] 游贤梅，王习明. 善治视角下的农村生态治理 [J]. 海南师范大学学报（社会科学版），2019，32（3）：67 – 75.

［159］于法稳.实施乡村生态振兴,推进美丽宜居乡村建设［J］.金融经济,2018(19):14-16.

［160］于满.由奥斯特罗姆的公共治理理论析公共环境治理［J］.中国人口·资源与环境,2014,24(S1):419-422.

［161］余超文.治理理论视野下的政府生态善治［J］.安徽农业大学学报(社会科学版),2013,22(1):20-25.

［162］余敏江.生态治理评价指标体系研究［J］.南京农业大学学报(社会科学版),2011,11(1):75-76.

［163］余敏江.智慧环境治理:一个理论分析框架［J］.经济社会体制比较,2020(3):87.

［164］俞海山.从参与治理到合作治理:我国环境治理模式的转型［J］.江汉论坛,2017(4):58-62.

［165］俞可平.科学发展观与生态文明［J］.马克思主义与现实,2005(4):4-5.

［166］俞可平.治理和善治引论［J］.马克思主义与现实,1999(5):37-41.

［167］俞可平.走向善治［M］.北京:中国文史出版社,2016.

［168］俞兆程.基于大数据的环境监测与治理探讨［J］.环境与发展,2018,30(4):146,148.

［169］云宇龙.地方政府生态治理绩效评估的制度缺陷及改进——以实现国家生态文明战略为视角［J］.成都行政学院学报,2016(3):4-9.

［170］运迪.新时代农村生态环境治理的多样化探索、比较与思考——以上海郊区、云南大理和福建龙岩的治理实践为例［J］.同济大学学报(社会科学版),2020,31(2):116-124.

［171］曾锡环,廖燕珠.海外高层次人才的政策工具选择配置及其功能实现分析——以深圳市为例［J］.天津行政学院学报,2020(1):28-37.

［172］张阿城.我国地方政府治理困境及其优化研究——基于戴明质量管理思想的视角［J］.安徽行政学院学报,2017,8(2):74-79.

［173］张成福,党秀云.公共管理学［M］.北京:中国人民大学出版社,2001.

[174] 张成福. 责任政府论 [J]. 中国人民大学学报, 2012 (2): 11-13.

[175] 张顶浩, 张李波, 张元昊. 生态治理中中央与地方政府的信息协调研究 [J]. 辽宁行政学院学报, 2012, 14 (1): 22-26.

[176] 张康之. 论政府的非管理化——关于"新公共管理"的趋势预测 [J]. 教学与研究, 2000 (7): 31-37.

[177] 张丽丽, 毛庆, 赵婷. 生态共享与共治理念下的京津冀农村生态环境协同治理机制与对策 [J]. 农业经济, 2019 (12): 9-1.

[178] 张卫海. 生态治理共同体的建构逻辑与实践理路 [J]. 南通大学学报 (社会科学版), 2020, 36 (3): 8-16.

[179] 张晓玲. 可持续发展理论: 概念演变、维度与展望 [J]. 中国科学院院刊, 2018, 33 (1): 10-19.

[180] 张燕. 生态文明构建视域下我国新农村生态环境治理路径的优化 [J]. 农业经济, 2018 (2): 20-21.

[181] 张志胜. 多元共治: 乡村振兴战略视阈下的农村生态环境治理创新模式 [J/OL]. 重庆大学学报 (社会科学版), 2019 (8): 1-10.

[182] 赵永峰. 农村生态环境治理机制的系统化设计研究 [J]. 农业经济, 2017 (2): 43-44.

[183] 赵玉环, 周辉. 生态法治理念建设思考 [J]. 人民论坛, 2015 (35): 220-222.

[184] [美] 珍妮特·V. 登哈特, 罗伯特·B. 登哈特. 新公共服务: 服务, 而不是掌舵 [M]. 丁煌, 译. 北京: 中国人民大学出版社, 2010.

[185] 郑玄, 杨琳. 新型城镇化背景下农村生态治理对策研究 [J]. 农业经济, 2019 (8): 27-29.

[186] 周佰成, 王晗, 王姝. 货币政策、非对称效应与产业内部结构升级 [J]. 财经科学, 2020 (10): 38-52.

[187] 周鑫. 习近平生态文明思想的多重维度 [J]. 当代世界与社会主义, 2018 (5): 120-126.

[188] 朱健, 何慧. 地方高校协同创新中心政策文本研究——基于政策工具与创新价值链二维视角 [J]. 高教探索, 2020 (4): 30-35, 61.

[189] 朱艳丽. 论环境治理中的政府责任 [J]. 西安交通大学学报（社会科学版），2017，37（3）：51 - 56.

[190] 邹庆华. 生态环境协同治理中公民生态意识的培育 [J]. 哈尔滨工业大学学报（社会科学版），2016，18（5）：115 - 120.

[191] Aepinus, Franz. Instrument choice when regulators and firms bargain [J]. Journal of environmental economies and management, 1998.

[192] Amacher G S. Government preferences and public forest harvesting: A second - best approach [J]. American journal of agricultural economics, 1999.

[193] Andersen. Constitutions and the resource curse [J]. Journal of development economics, 2008 (87): 227 - 246.

[194] Andrew Jordon. The rise of new policy instruments in comparative perspective: Has governance eclipsed government?[J]. Political studies, 2005.

[195] Belay T Mengistie, Arthur P J Mol, Peter Oosterveer. Private environmental governance in the ethiopian pesticide supply chain: Importation, distribution and use [J]. NJAS-wageningen journal of life sciences, 2016, 76.

[196] Bemelmans - Videc M. Policy instrument choice and evaluation [M]. Carrots, sticks and sermons, 1998.

[197] Bob Jessop. The rise of governance and the risks of failure: The case of economic development [J]. International social science journal, 1998 (50).

[198] Bovens. Analysing and assessing accountability: A conceptual framework [J]. European law journal, 2010, 1.

[199] Brown M T. Energy-based indices and ratios to evaluate sustainability: Monitoring economies and technology toward environmentally sound innovation [J]. Ecological engineering, 2017 (9): 51 - 69.

[200] Bryan Tilt. The political ecology of pollution enforcement in China: A case from sichuan's rural industrial sector [J]. The china quarterly, 2007, 192.

[201] Coffey. Overlapping forms of knowledge in environmental govern-

ance: Comparing environmental policy workers' perceptions [J]. Journal of comparative policy analysis: research and practice, 2015, 17 (3).

[202] Cruz W, Munasinghe M, Warford J J, et al. The greening of economic policy reform, volume 1: principles [R]. World Bank, 1997.

[203] Dye, Thomas R. Understanding public policy [R]. New York: Prentice hall, 2008.

[204] George C. Eads, Fix Michael. Relief or reform? Reagan's regulatory dilemma [M]. Washington, D. C. : Urban institute press, 1984.

[205] Gerry Stoker. Governance as theory: Five propositions [J]. International social science journal, 1998 (50).

[206] Guy Peter, J. Pierre. Governance without government? rethinking public administration [J]. Journal of public administration research and theory, 1998 (8).

[207] Guy Peter, Jon Pierre. Governance without government? Rethinking public administration [J]. Journal of public administration research and theory, 1998 (8).

[208] Helfand, Gloria E. Standards versus standards: The effects of different pollution restrictions [J]. American economic review, 1991: 634.

[209] Hood C C. The Tools of Government [R]. London: Macmillian, 1983.

[210] Howlett Michael, M. Ramesh. Studying public policy: Policy cycles and policy subsystems [M]. Oxford University press, 2003.

[211] Huber J. Monetary and banking reform – bringing back in the monetary fundamentals of finance [J]. Társadalom és gazdaság, 2012, 2012 (1 – 2): 38 –53.

[212] Ieva Kapaciauskaite. Environmental governance in the Baltic Sea Region and the role of non-governmental actors [J]. Procedia-social and behavioral sciences, 2011, 14.

[213] Ingram H. , Schneider A. Improving implementation through framing smarter statutes [J]. Journal of public policy, 1990, 10 (1): 67 –88.

[214] Jia Pua, Yiran Liua, Hongxing organizational quality specific immune evaluation of manufacturing enterprises. Multi – attribute group decision – making method with complete ignorance of weight information based on evidence distance and fuzzy entropy transformation [J]. Journal of computational methods in sciences and engineering, 2022, 22: 1287 – 1296.

[215] Jon Pierre. Debating governance: Authority, steering, and democracy [M]. Oxford University press, 2000.

[216] Joseph L Sax. The public trust doctrine in Natural Resource Law: Effective judicial intervention [J]. Michigan law review, 1970, 68 (3): 471 – 566.

[217] Kenneth Building. The economics of the coming spaceship earth [J]. Environmental quality in a growing economy, 2016.

[218] Kevin Lo. How authoritarian is the environmental governance of China? [J]. Environmental science and policy, 2015, 54.

[219] Kirschen E S. Economic policy in our time [R]. North Holland, Amsterdam, 1964.

[220] Kristin. Performance management in practice norwegian way [J]. Financial accountability & management volume, 2006, 22 (3): 251 – 270.

[221] Li Hongbin, Zhou li-an. Political turnover and economic performance: The incentive role of personnel control in China [J]. Journal of public economics, 2005 (9 – 10).

[222] Lindblom C E. Politics and markets: The world's political economic systems [M]. New York: Basic books, 1977.

[223] Linder S H. , Peters B G. Instrument of government: Perceptions and contexts [J]. Journal of public policy, 1989, 9 (1): 35 – 58.

[224] Lowi T J. Four systems of policy, politics, and choice [J]. Public administration review, 1972, 32 (4): 298 – 310.

[225] Lv Jun, Hou Jun-dong, Liu yang. Analysis of rural ecological environment governance in the two-oriented society construction: A case study of Xiantao city in Hubei Province [J]. Procedia environmental sciences, 2011, 11.

[226] Magnani. The house of life: Rachel carson at work [M]. Bosston: Houghton, 2016: 37 – 41.

[227] McDonnell, Elmore. Getting the job done: Alternative policy instruments [J]. Education evaluation and public analysis, 1987 (9): 133 – 152.

[228] Mercy O. Erhun. A legal framework of sustainable environmental governance in Nigeria [J]. Frontiers of legal research, 2016, 3 (4).

[229] Meynaud J, OECD. Better buying through consumer information [M]. European productivity agency, organisation for European economic co – operation, 1961.

[230] Michelle Rodrigue, Michel Magnan. Is environmental governance substantive or symbolic? An empirical investigation [J]. Journal of business ethics, 2013, 114 (1).

[231] Mrozek J. R. Revenue neutral deposit refund systems [J]. Environment and resource eeonomics, 2020: 193.

[232] Nketti Hannah Mason. Environmental governance in Sierra Leones mining sector: A critical analysis [J]. Resources policy, 2014, 41.

[233] Oran R Young. Institutionalized governance processes comparing environmental problem solving in China and the United States [J]. Global environmental change, 2015, 31.

[234] Peter Hollens. Creening without conflict environmentalism, NGOs and civil society in China [J]. Development and change, 2013, 32 (5): 33 – 34.

[235] Peter Narh. Sand winning in Dormaa as an interlocking of livelihood strategies with environmental governance regimes [J]. Environment, development and sustainability, 2016, 18 (2).

[236] Peters B G. American public policy: promise and performance [R]. Chatham, N. J. : Chatham house, 1986.

[237] Pierre J, Peters B G. Governance, politics and state [M]. New York: St. Martin's press, 2000.

[238] Pollitt C. Performance information for democracy: The missing

Link?[J]. Evaluation, 2006, 12 (1): 38 –55.

[239] Prakash C. Tiwari, Bhagwati Joshi. Local and regional institutions and environmental governance in Hindu Kush Himalaya [J]. Environmental science and policy, 2015, 49.

[240] Qin Quan-de. Energy productivity and Chinese local officials' promotions: Evidence from provincial governors [J]. Energy policy, 2016, 95.

[241] R A W. Rhodes. The new governance: Governing without government [J]. Political studies, 1996, 44 (4): 652 –667.

[242] Richard Abel Musgrave. The theory of public finance: A study in public economics [J]. Journal of political economy, 1959.

[243] Roberto Patuelli, Peter Nijkamp. Environmental tax reform and the double dividend. A meta-analytical performance assessment [J] . Ecological economics, 2005, 55 (4): 564 –583.

[244] Rose R. What is lesson – drawing? [J]. Journal of public policy, 1991, 11 (1).

[245] Rosenau J N. Governance without governanment: Order and change in world politics [M]. Jiangxi people's publishing house, 2001.

[246] Rothwell, Roy. Technology, structural change and manufacturing employment [J]. Omega, 1981, 9 (3): 229 –245.

[247] Salamon, Lester M. Rethingking public management: third – party government and the changing forms of government action [J]. Public policy, 1981, 29 (3): 255 –275

[248] Salamon, L. M. The tools of government: A guide to the new governance [M]. New York: Oxford University press, 2002.

[249] Samuelson, Paul A. The pure theory of public expenditure [J]. Review of economics & statistics, 1954, 36 (4): 387 –389.

[250] Schneider A L, Ingram H. Policy design: Elements, premises, and strategies [M] //Nagel S S. Policy theory and policy evaluation: Concepts, knowledge, causes, and norms. N. Y. : Greenwood press, 1990.

[251] Schneider I A. Improving implementation through framing smarter

statutes [J]. Journal of public policy, 1990, 10 (1): 67 –88.

[252] Sherry R. Arnstein. A ladder of citizen participation [J]. Journal of the American planning association, 2015 (4): 35 –41.

[253] Somanathan E, Sterner T, López, R, et al. Environmental policy instruments and institutions in developing countries [J]. Economic development & environmental sustainability, 2006: 217 –245.

[254] Stewart, Joseph Jr. , Hedge, David M, Lester, James P. Public policy: An evolutionary approach [R]. Cengage learning, 2008.

[255] Tietenberg T H. Economics and environmental policy [J]. Azdershot, Hampshire, UK. : Edward Elgar, 1994: 123.

[256] Van Alstyne. The neoliberal turn in environmental governance in the Detroit River Area of Concern [J]. Environmental sociology, 2015, 1 (3).

[257] Vedung, Evert. Public policy and program evaluation [M]. New Brunswick and London: Transaction publishers, 1997.

[258] Weidner H. Capacity building for ecological modernization: Lessons from cross national research [J]. American behavioral scientist, 2002 (9): 1344.

[259] Weiss U, Salloum J B, Schneider F. Correspondence of emotional self – rating with facial expression [J]. Psychiatry res, 1999, 86 (2): 175 – 184.

[260] Y H Venus Lun, Kee-hung Lai, Christina W Y Wong, T C E Cheng. Environmental governance mechanisms in shipping firms and their environmental performance [J]. Transportation research part e: Logistics and transportation review, 2015, 78.

图书在版编目（CIP）数据

生态治理政策工具研究／李红星，顾福珍著. —北京：
经济科学出版社，2021. 11
ISBN 978 – 7 – 5218 – 3108 – 5

Ⅰ.①生… Ⅱ.①李…②顾… Ⅲ.①生态环境－综合
治理－研究－中国 Ⅳ.①X321.2

中国版本图书馆 CIP 数据核字（2021）第 240710 号

责任编辑：初少磊 赵 芳
责任校对：李 建
责任印制：范 艳

生态治理政策工具研究

李红星 顾福珍 著

经济科学出版社出版、发行 新华书店经销

社址：北京市海淀区阜成路甲 28 号 邮编：100142

总编部电话：010 – 88191217 发行部电话：010 – 88191522

网址：www. esp. com. cn

电子邮箱：esp@ esp. com. cn

天猫网店：经济科学出版社旗舰店

网址：http：//jjkxcbs. tmall. com

北京季蜂印刷有限公司印装

710×1000 16 开 14 印张 220000 字

2022 年 9 月第 1 版 2022 年 9 月第 1 次印刷

ISBN 978 – 7 – 5218 – 3108 – 5 定价：68.00 元

（图书出现印装问题，本社负责调换。电话：010 – 88191510）

（版权所有 侵权必究 打击盗版 举报热线：010 – 88191661

QQ：2242791300 营销中心电话：010 – 88191537

电子邮箱：dbts@ esp. com. cn）